Rolf Abresch / Ralph Wilhelm (Hrsg.)

Moderne Handwaffen der Bundeswehr

REPORT VERLAG

Impressum

Die Deutsche Bibliothek – CIP-Einheitsaufnahme
Moderne Handwaffen der Bundeswehr
Rolf Abresch/Ralph Wilhelm (Hrsg.)
Frankfurt am Main; Bonn: Report Verlag, 2001
ISBN 3-932385-10-1

© 2001 Report Verlag,
 Frankfurt am Main/Bonn
 Stuttgarter Straße 18–24
 60329 Frankfurt am Main

Alle Rechte vorbehalten

Gestaltung, Satz und Reproduktion:
Medien Profis GmbH
04103 Leipzig

Druck und Verarbeitung:
Jütte Druck GmbH
04103 Leipzig

Printed in Germany

Vorwort

Die Zeiten, in denen das Gewehr die Braut des Soldaten genannt wurde, sind wohl vorbei – und das nicht nur, weil es inzwischen in der Bundeswehr auch weibliche Soldaten gibt. Das Gewehr von heute ist wie alle modernen Handwaffen ein High-Tech-Gerät, dem jene Bezeichnung nur noch in Anführungszeichen gerecht wird und das wie eh und je in allen Armeen der Welt eine bedeutende Rolle spielt.

Angesichts dieser Feststellung ist es verwunderlich, dass zwar im Zusammenhang mit dem militärischen Großgerät wie Panzer, Schiffe und Flugzeuge zahlreiche Publikationen aller Art erschienen sind, im Bereich der Handwaffen dagegen Publikationen in Buchform eher selten sind. Diesem Mangel soll der vorliegende Bildband „Moderne Handwaffen der Bundeswehr" zumindest für den Raum der Bundeswehr abhelfen. Das Buch zeigt eindringlich, dass die modernen Handwaffen Waffen von erstaunlicher Komplexität sind, die nicht nur Waffenliebhaber zu fesseln vermögen.

In diesem Bildband sind in den Bereich der Handwaffen auch Panzerfaust und Bunkerfaust einbezogen worden, weil diese ebenfalls von einzelnen Soldaten bedient werden und sich insoweit höchstens nach dem Umfang ihrer Verbreitung von den übrigen Handwaffen unterscheiden. Zum ersten Mal ist in diesem Buch auch die für die Wirkung der Handwaffen so bedeutsame (hier schadstoffarme) Munition in einem eigenen Kapitel dargestellt. Eine ausgedehnte Geschichte der Handwaffen der Bundeswehr stellen wir voran und ein fesselnder Blick auf mögliche Waffen der Zukunft rundet die Beiträge ab.

Da die Handwaffen der Bundeswehr quer durch die Teilstreitkräfte hindurch nach infanteristischen Grundsätzen eingesetzt werden, haben wir eine Trennung in Heer, Marine und Luftwaffe nicht vorgenommen. Da, wo ganz spezielle und nur in geringen Stückzahlen vorhandene Handwaffen in den Teilstreitkräften vorhanden sind (z.B. für Piloten und Kampfschwimmer), werden sie kurz im Kapitel „Zeitzeugen" erwähnt.

Die Menge und Qualität der Bilder und Skizzen und die Fülle der technischen Details, die von höchst sachkundigen Autoren verständlich und angemessenen verarbeitet worden sind, machen den Bildband zu einer überragenden Quelle vielfältiger Information und technischem Vergnügen.

Dass der Bildband „Moderne Handwaffen der Bundeswehr" in der vorliegenden Form möglich gemacht werden konnte, verdanken die Herausgeber neben den Autoren der Unterstützung der Firmen Heckler & Koch, Dynamit Nobel, MEN Metallwerke Elisenhütte Nassau, Hensoldt Systemtechnik und Accuracy International. Dank gebührt auch der Gruppe Weiterentwicklung der Infanterieschule Hammelburg unter ihrem Leiter, Oberst Sengespeick, und Hauptmann Modes von der Bildstelle des BMVg, von dem viele ausgezeichnete Bilder stammen. Einen weiteren Dank sagen wir ganz besonders dem Journal-Verlag Schwend GmbH, der die bekannte Monatszeitschrift „DWJ Deutsches Waffen-Journal" herausgibt, für die Überlassung wichtiger Bilder.

Unseren Lesern, die wir unter den Waffenliebhabern wie unter den Soldaten, unter den Jägern wie unter den Sportschützen zu finden hoffen, wünschen wir eine ungeteilte Lesefreude.

Bonn, im Juni 2001   Die Herausgeber

1 **Vorwort** 3

Inhalt 5

2 **Zeitzeugen –
Geschichte der Handwaffen der Bundeswehr** 6
Matthias Schörmal

3 **Sturmgewehr G36** 37
Ralph Wilhelm

Gewehr SL 8 59
Ralph Wilhelm

Pistole P8 64
Ralph Wilhelm

Scharfschützengewehr G22 76
Ralph Wilhelm

Panzerfaust3 und Bunkerfaust 95
Günter Ketterer

4 **Munition** 106
Jürgen Knappworst

5 **Zukunftsvision – Zukünftige Handwaffen** 117
Ralph Wilhelm

Von einst bis heute

2

Zeitzeugen
Geschichte der Handwaffen
der Bundeswehr

Die Gewehre G2 und G4. Das G4 (hinten) ist ein Modell mit Zweibein aus dem Truppenversuch.

Mit der Pistole P8 und dem Gewehr G 36 stehen dem Soldaten der Bundeswehr heute zwei moderne Handwaffen zur Verfügung. Sie bilden sozusagen die zweite Generation der spezifisch für die Deutschen Streitkräfte entwickelten Waffen. Die erste Generation, aber auch die vor ihr geführten Waffen, sollen Gegenstand dieser Betrachtung sein.

Die Bundeswehr kann zwischenzeitlich auf weit über vier Jahrzehnte Geschichte zurückblicken: Eine Zeit des Wandels und der Veränderung, des Fortschritts und nicht zuletzt auch der veränderten Anforderungen an Personal, Ausbildung und Material.

Zu den wichtigsten Geräten des Soldaten gehören, trotz massiver Technisierung und mittlerweile auch Digitalisierung des Schlachtfelds, die Schusswaffen.

Und gerade bei diesen hat sich in den mehr als vier Jahrzehnten seit der Gründung der Bundeswehr so manches getan, was einer näheren Betrachtung wert ist.

Wiederbewaffnung

Mit der Gründung der Bundesrepublik Deutschland bestand auch Bedarf nach bundeseigenen Ordnungskräften. Dieses war zunächst der Zoll, dem im begrenztem Umfang auch die Sicherung der Grenzen zukam. Mit der Aufstellung des Zolls kam auch der erste Schritt in Richtung eigener Waffenbeschaffung. Speziell für den Zolldienst wurden beim Jagdwaffenhersteller Heym, basierend auf dem Mauser-System 98, Zollkarabiner gefertigt. Hier dominierte der Wunsch nach einem zivilen Anstrich, weshalb die Waffen ein ziviles Standvisier bekamen und der Bajonetthalterung beraubt wurden. Mit der Gründung des Bundesgrenzschutzes (BGS) kam sozusagen im Vorgriff auf die Bundeswehr die eigentliche Wiederbewaffnung der Bundesrepublik. Die als Polizeireserve und als Grenzpolizei aufgestellte Truppe war der entscheidende Schritt vor Gründung der Bundeswehr, aber auch zum Wiederaufbau einer deutschen Waffenindustrie. Denn die für den BGS benötigten Waffen konnten oder sollten nicht alleine aus den Beständen der Besatzungsmächte stammen. Für die Erstausstattung wurden deshalb von den Besatzungsmächten deutsche Beutewaffen zur Verfügung gestellt. Dieses waren hauptsächlich der Karabiner 98k und das Maschinengewehr 42, beide eingerichtet für die Patrone 8 x 57 IS der ehemaligen Wehrmacht. Zusätzlich wurden für den BGS Pistolen und Maschinenpistolen aus dem Ausland angekauft, da in Deutschland die Waffenfertigung zunächst noch immer untersagt war. Auf diese Weise fanden spanische Pistolen Astra 600/43 den Weg nach Deutschland. Sie waren ursprünglich noch von der Wehrmacht des Dritten Reiches bestellt, aber aufgrund des Kriegsendes nicht mehr geliefert worden. Weiterhin wurden Maschinenpistolen von Beretta in Italien gekauft. Die als MP38/49 bezeichnete Waffe war eine Nachkriegsentwicklung, die auf einer Waffe basierte, die auch schon bei der Wehrmacht, neben den deutschen MP-Modellen, Verwendung fand. Schließlich gelangte mit der SIG P210-4 auch noch eine speziell den Wünschen des BGS angepasste Variante der neuen Schweizer Armeepistole M49, zivil P210, in die Arsenale der Grenztruppe. Diese war, obwohl bei ihrer Gründung neben ehemaligen Soldaten auch Polizisten und Zöllner aufgenommen wurden, zunächst mehr militärische Formation als Polizei. Und sie war, wie sich später zeigte, der Kader für eine neu zu schaffende Streitkraft: der zukünftigen Bundeswehr.

Die Stunde Null

Mit ihrer Gründung erhielt die Bundeswehr von den westlichen Alliierten, hauptsächlich aber von den USA, Handwaffen aus deren gewaltigen Beständen. Auf der Lieferliste standen dabei jene Waffen, die der Soldat der Vereinigten Staaten von Amerika im Zweiten Weltkrieg führte und die noch immer zum regulären Ausrüstungsstand der Truppen der USA gehörten, obwohl man dort nach den Erfahrungen des Krieges bereits neue Anforderungen an die Handfeuerwaffen des Soldaten stellte und sich neue Gewehre auch schon in der Entwicklung befanden. Im Bereich der Langwaffen waren dies das erst im Jahr 1936 bei den US-Truppen eingeführte Selbstladegewehr M1 Garand und der kleine halbautomatische Karabiner M1, respektive dessen vollautomatische Version M2. An Maschinenpistolen kam von den Amerikanern das Modell M1A1, an Pistolen das Modell M1911A1. Zusätzlich wurde noch eine Art leichtes Maschinengewehr mit der Bezeichnung Browning Automatic Rifle (BAR) gestellt. Aus den Beständen der Briten stammten dagegen klassische Repetiergewehre, nämlich das Modell No.4MK1.

Gewehr M1 Garand

▪ Waffenart

Das M1 Garand ist ein halbautomatisches Selbstladegewehr im Kaliber .30/06 Springfield. Es ist ein Gasdrucklader mit angebohrtem Rohr, darunter liegender Schließfeder und starr verriegeltem Drehblockverschluss. Die Patronen werden aus einem integrierten Magazinkasten verschossen, in den ein mit acht Patronen gefüllter Ladeclip eingesetzt wird.

▪ Historisches

Das Gewehr M1 Garand wurde im Jahr 1936 in die Streitkräte der US-Armee eingeführt. Konstruiert wurde es von dem Amerikaner John C. Garand. Es war das erste offiziell bei einer Armee eingeführte Selbstladegewehr. Die Fertigung der Waffe verlief bis zum Beginn des Zweiten Weltkrieges eher schleppend, stieg dann aber enorm an. Hergestellt wurde die Waffe bei Springfield Armoury und bei Winchester Repeating Arms. Daneben war in der Zeit des Krieges eine Vielzahl von Zulieferfirmen in die Herstellung involviert. Gefertigt wurden zwischen 1936 und 1945 rund 4,2 Millionen Exemplare sowie weitere 1,3 Millionen Exemplare in der Zeit zwischen 1950 und 1953.

▪ Besonderheiten

Das Gewehr Garand M1 wird mit acht Patronen, die mit einem Clip zusammen gehalten werden, geladen. Dies wurde von den Soldaten bemängelt, da sich die Waffe nicht mit einzelnen Patronen nachladen ließ. Zudem wurde der Munitionsvorrat als zu gering kritisiert. Als besonders störend wurde aber empfunden, dass nach Verschießen der letzten Patrone der leere Ladeclip aus der Waffe ausgeworfen wurde, was deutlich zu hören war. Davon abgesehen galt die Waffe als robust und zuverlässig. Sie konnte mit einem Bajonett ausgerüstet werden, und es gab auch Scharfschützenausführungen.

■ Bundeswehr

Die Bundeswehr bekam das Gewehr M1 Garand, das in Deutschland als US-Rifle M1 Kaliber .30 bezeichnet wurde, mit ihrer Gründung als Erstausstattung von den USA. Insgesamt sollen 45 494 Gewehre M1 im Bestand der Bundeswehr gewesen sein. Sie wurden spätestens Anfang der 60er Jahre aus dem Bestand genommen. Die Bundeswehr verfügte auch über 1260 Exemplare der Scharfschützenversion M1C.

Karabiner .30M1 und .30M2

■ Waffenart

Der .30M1 ist ein halbautomatischer Selbstladekarabiner im Kaliber .30 Carbine, der .30M2 eine wahlweise halb- oder vollautomatisch schießende Variante des .30M1. Beide sind Gasdrucklader mit angebohrtem Rohr und und starr verriegeltem Drehblockverschluss. Die Patronen werden aus einem Wechselmagazin für 15 oder 30 Patronen zugeführt.

■ Historisches

Der Karabiner .30M1 wurde 1941 in die US-Armee eingeführt. Die vollautomatische Version M2 kam 1944 dazu. Entwickelt wurde die Waffe von Winchester Repeating Arms unter Einbeziehung einer Konstruktion von David Williams. Gedacht war die Waffe ursprünglich als Selbstschutzwaffe für Soldaten, die nicht unmittelbar an Kampfhandlungen teilnehmen. Der Karabiner M1 wurde während des Zweiten Weltkrieges von insgesamt neun Herstellern, die sich weiterer Zulieferer bedienten, gefertigt. Insgesamt wurden zwischen 1942 und 1945 6,1 Millionen Exemplare M 1 und 550 000 M2 hergestellt.

■ Besonderheiten

Die Waffe wurde entgegen der ursprünglichen Planung auch als echte Kampfwaffe eingesetzt und geriet hier zuweilen wegen der geringen Leistung der Patrone in die Kritik. Davon abgesehen war das kleine und leichte Gewehr bei den Soldaten besonders geschätzt.

Soldaten der Bundeswehr mit dem Gewehr G3 bei einer Übung.

Es entstanden in den Jahren zahlreiche Varianten, beispielsweise mit einklappbarer Schulterstütze.

■ **Bundeswehr**

Die Bundeswehr hatte die Karabiner .30M1 und .30M2 als Erstausstattung von den Amerikanern erhalten. Insgesamt befanden sich 34 200 Exemplare in den Beständen der Bundeswehr. Die Waffe war auch in Deutschland sehr beliebt und wurde bis in die frühen 60er Jahre benutzt.

Maschinenpistole M1A1

■ **Waffenart**

Die M1A1 ist eine wahlweise halb- oder vollautomatische Maschinenpistole im Kaliber .45 ACP. Sie hat einen unverriegelten Masseverschluss und schießt aus offener Verschlussstellung. Die Patronen werden aus einem Wechselmagazin für 20 oder 30 Patronen zugeführt.

■ **Historisches**

Die Maschinenpistole M1A1 wurde ab 1942 hergestellt und stellt eine vereinfachte Version des Modells M1, dieses wiederum eine stark vereinfachte Version des Modells 1928 dar. Die Grundkonstruktion der Waffe geht auf eine Entwicklung aus der Zeit des Ersten Weltkrieges zurück; sie wurde von John T. Thompson gegen Ende des Krieges aufgegriffen und vorangetrieben. So folgten über die Jahre diverse Entwicklungsstufen, deren Endpunkt das Modell M1A1 ist. Vom Modell M1A1 wurden zwischen 1942 und 1944 rund 640 000 Exemplare hergestellt. Gefertigt wurde die Waffe von der Auto-Ordnance Corporation sowie Savage Arms.

■ **Besonderheiten**

Das Modell M1A1 wurde gegenüber dem Vorgängermodell M1, speziell aber dem Modell von 1928, stark vereinfacht und auf Massenfertigung hin ausgerichtet. So entfiel bereits beim Modell M1 die ursprünglich vorhandene Rücklaufverzögerung, beim Modell M1A1 auch der bewegliche Schlagbolzen. Das Modell 1928 wurde, mit Trommelmagazin und Handgriff vorne, als typische Gangsterwaffe bekannt.

■ **Bundeswehr**

Auch die M1A1 war von den Amerikanern der Bundeswehr überlassen worden. Insgesamt gelangten 8179 Exemplare in den Bestand der Bundeswehr. Über ihre weitere Verwendung ist bisher nur wenig bekannt geworden.

Pistole M1911 und M1911A1

■ **Waffenart**

Die M1911 beziehungsweise die modernisierte M1911A1 (siehe Bild S.13) ist eine Selbstladepistole im Kaliber .45 ACP. Sie ist ein Rückstoßlader mit verriegeltem Verschluss und beweglichem Rohr. Sie hat einen Single-Action-Abzug und neben der Dreh- auch eine Handballensicherung. Die Patronen werden aus einem Wechselmagazin für sieben Patronen zugeführt.

■ **Historisches**

Die M1911 wurde im Jahr 1911 bei den US-Streitkräften eingeführt, das leicht modifizierte Modell M1911A1 im Jahr 1926. Konstruiert wurde die Waffe von John Moses Browning. Die Waffe wurde zunächst nur bei Colt in Hartford, während des Zweiten Weltkrieges aber auch bei Remington, Ithaca, Singer und anderen Herstellern gefertigt. Zudem wurden Lizenzfertigungen ins Ausland vergeben, wo die Waffe mit diversen Modifikationen produziert wurde, so etwa in Argentinien und in Norwegen.

■ **Besonderheiten**

Die M1911A1 war von 1926 an Ordonnanz-Pistole und wurde erst im Jahr 1982 durch eine neuere Waffe abgelöst. Sie galt als zuverlässig und wirkungsvoll. Die zivile Variante, als Colt Government bezeichnet, wird noch heute gefertigt und dient als Vorlage für eine kaum überschaubare Anzahl von Nachbauten, hauptsächlich für den schießsportlichen Bereich.

■ **Bundeswehr**

Die von den Amerikanern überlassenen Pistolen M1911 und M1911A1, insgesamt 13 374 Exemplare, waren bei der Bundeswehr aufgrund des starken Rückstoßes der Waffe nicht besonders beliebt. Auch die umständliche Zerlegung wurde kritisiert. Dennoch blieb die

```
         K a l k u l a t i o n

     Stg. 44, bei 200 Stück / Tag.


     Selbstkosten              DM   120.50 /Stck.
     + 8 % Gewinn                     9.65    "

                               DM   130.15
     + 4½% Umsatzsteuer                5.85

     Verkaufspreis             DM   136.00 /Stck.
                               ===================

     Bei diesem Preis sind die Fertigungsvereinfachungen berücksich-
     tigt.

     für die ersten 10 000 Stck.   DM  250.-    + DM 116.-
     für die zweiten 10 000  "         220.-         84.-
     für die dritten 10 000  "         200.-         64.-
     für weitere    20 000   "         170.-         34.-
     für alle wei-
         teren                         136.-          -


     Maschinen                 DM  1 469 000.-
     Vorrichtungen,Werkzeuge         310 350.-
     Lehren                          137 300.-

                               DM  1 916 650.-
                               ===================
```

Das Sturmgewehr 44 der Wehrmacht.

Unterlagen zur Kalkulation einer Nachkriegsfertigung des Sturmgewehrs 44 aus dem Zweiten Weltkrieg.

Waffe bis in die 60er Jahre hinein im Gebrauch, unter anderem bei den Feldjägern. Die Waffen erhielten bei der Bundeswehr die Bezeichnungen P51 für die M1911 und P52 für die M1911A1.

Maschinengewehr BAR M1918A2

■ Waffenart

Die BAR, die Abkürzung steht für Browning Automatic Rifle, ist ein leichtes, nur vollautomatisch schießendes Maschinengewehr im Kaliber .30/06 Springfield. Es ist ein Gasdrucklader mit starr verriegeltem Verschluss und unter dem Waffenrohr geführtem Gasrohr. Die Patronen werden aus einem Wechselmagazin für 20 Patronen zugeführt.

■ Historisches

Die BAR M1918A2 wurde im Jahr 1940 in die US-amerikanischen Streitkräfte eingeführt, nachdem das Grundmodell bereits im Jahr 1918 und das Modell M1918A1 im Jahr 1937 eingeführt wurden. Die ursprüngliche Konstruktion stammt von John Moses Browning. Von den diversen Varianten der BAR, neben den genannten auch die Variante von 1922, wurden insgesamt 350 000 Stück hergestellt. Gefertigt wurde die Waffe bei verschiedenen Herstellern, darunter Winchester Repeating Arms, Marlin-Rockwell und Colt.

■ Bundeswehr

Die von den Amerikanern gestellte Waffe entsprach vom taktischen Ansatz nicht den deutschen Wünschen. Die insgesamt 1334 Exemplare blieben bis in die frühen 60er Jahre im Bestand der Truppe.

Gewehr Rifle No.4

■ Waffenart

Die Rifle No.4 ist ein Repetiergewehr im Kaliber .303 British. Sie hat einen Drehzylinderverschluss mit separatem Verschlusskopf. Die Patronen werden aus einem abnehmbaren Kastenmagazin für 10 Patronen zugeführt.

Sie war die erste Pistole der Bundswehr, die Colt M1911A 1 im Kaliber .45 ACP. Sie erhielt später die Bezeichnung P52.

■ **Historisches**

Die Entwicklung des britischen Gewehrs No.4 ist unübersichtlich und verworren. An Prototypen wurde ab etwa 1924 gearbeitet, es folgten verschiedene Versuchsmuster und schließlich eine Serienfertigung ab 1939, nachdem man eine Produkionsaufnahme des Repetiergewehrs lange wegen der Entwicklungen an einem Selbstladegewehr zurück gestellt hatte. Das No.4 wurde dann während des gesamten Krieges gefertigt, insgesamt entstanden rund 4,1 Millionen Gewehre. Gefertigt wurden diese in Großbritannien bei BSA und in den staatlichen Fabriken in Maltby und Fazakerley sowie in den USA und in Kanada. Die beiden letztgenannten hängen einen Stern an die Modellbezeichnung an, um geringfügige Änderungen zu dokumentieren.

■ **Bundeswehr**

Auch wenn die Waffe bei der Bundeswehr als Canadian Rifle No.4 bezeichnet wurde, stammte sie doch aus britischen Beständen. Der Zusatz „Canadian" ist wohl darauf zurück zu führen, dass ein erheblicher Teil der Waffen aus kanadischer Produktion stammte und entsprechend beschriftet war. Die Waffe war bei der Bundeswehr außergewöhnlich unbeliebt, weil sie in vielen Details als dem deutschen Karabiner 98k unterlegen angesehen wurde. Insgesamt befanden sich 18 000 Exemplare im Bestand der Bundeswehr.

Vereinnahmt

Schon kurz nach der Gründung der Bundeswehr vollzog sich, was zu erwarten war: Ein Teil des erst wenige Jahre zuvor gegründeten BGS wird abgespalten und dient dem personellen Aufbau der Bundeswehr. Mit dem Übertritt der Polizisten zur Armee bringen sie auch Waffen, Gerät und Fahrzeuge mit in die Bundeswehr, die dort auch zumindest zeitweise genutzt werden. Das sind bei den Handwaffen der bereits bei der Wehrmacht geführte Karabiner 98 kurz und das Maschinengewehr MG42; aber auch die speziell für den BGS angekauften Pistolen Astra 600/43 (siehe Bild S. 14) und SIG P210-4 (siehe Bild S. 15) sowie die Maschinenpistole Beretta MP38/49. Die Bewaffnung der noch jungen Truppe präsentierte sich mithin uneinheitlich, was zu erheblichen Problemen bei der Ausbildung, der Ersatzteilbevorratung und der Munitionsversorgung führte. Kaum eine Waffe entsprach den Vorstellungen der Bundeswehr, insbesondere entsprach aber die Vielzahl der Waffenarten nicht den Wünschen der Bundeswehr.

Astra-Pistole 600/43

■ Waffenart

Die Astra 600/43 ist eine Selbstladepistole im Kaliber 9 mm x 19. Sie ist ein Rückstoßlader mit unverriegeltem Verschluss. Sie hat einen Single-Action-Abzug mit innenliegendem Hahn und zusätzlich zu einer Dreh- auch eine Handballensicherung. Die Patronen werden aus einem Wechselmagazin für acht Patronen zugeführt.

■ Historisches

Das Modell Astra 600/43 entstand auf Wunsch des Heereswaffenamtes der Wehrmacht des Dritten Reiches. Dieses hatte bereits mehrfach Pistolen des spanischen Herstellers Astra gekauft, wünschte nun aber ein Modell im deutschen Ordonnanzkaliber 9 mm Parabellum. Dazu wurde das Astra-Modell 400, eingerichtet für die Patrone 9 mm Largo, modifiziert und leicht verkleinert. Nachdem eine erste Lieferung von 10 450 Stück an die Wehrmacht gegangen war, gelangte eine zweite Bestellung aufgrund des Kriegsendes nicht mehr nach Deutschland. Die Waffen aus dieser ursprünglich geplanten Lieferung und solche aus einer weiteren Bestellung gelangten 1951 in die Bundesrepublik zur Ausrüstung von Polizei und BGS.

■ Besonderheiten

Die Astra 600/43 ist eine der wenigen Selbstladepistolen für die Patrone 9 mm Parabellum, die einen unverriegelten Verschluss hat. Dies erfordert eine relativ starke Schließfeder, was das Fertigladen der Waffe, aber auch die Zerlegung, erschwert.

■ Bundeswehr

Mit der Übernahme von Personal des BGS in die Bundeswehr kam auch die Astra 600/43 zur Truppe. Geschätzt wurde die gute Präzision der Waffe, bemängelt aber die umständliche Handhabung. Die Waffe erhielt später die Bezeichnung P3.

Auch die Astra 600/43 kam vom BGS. Sie erhielt später die Bezeichnung P3.

SIG-Pistole P210-4

■ Waffenart

Die SIG P210-4 ist eine Selbstladepistole im Kaliber 9 mm x 19. Sie ist ein Rückstoßlader mit verrriegeltem Verschluss und beweglichem Rohr. Sie hat einen Single-Action-Abzug.

■ Historisches

Die zivil als Modell P210 bezeichnete Pistole wurde von der Schweizer Industrie Gesellschaft (SIG) als Ordonnanzpistole für die Schweizer Armee entwickelt. Man orientierte sich bei der Konstruktion weitgehend an der französischen Selbstladepistole Petter Modell 1935A. Die P210 wurde im Jahr 1948 unter der Bezeichnung Ordonnanzpistole Modell 49 (M49) in die Schweizer Armee eingeführt. Für den zivilen Markt wird die Waffe noch heute gefertigt.

■ Besonderheiten

Die P210 ist eine außergewöhnlich aufwändig und mit geringsten Toleranzen gefertigte Waffe. Sie besitzt eine sehr gute Präzision und wird gerade deshalb bis heute gerne von Sportschützen gekauft.

■ Bundeswehr

In die Bestände der Bundeswehr gelangte die P210-4 durch den Übertritt von Personal des BGS. Die Waffe war unter anderem bei den Feldjägern in Gebrauch. Sie wurde bei der Bundeswehr in der Anfangsphase als Pistole Neuhausen, nach dem Fertigungsort der Waffe, bezeichnet, später erhielt sie die Bezeichnung P2.

Karabiner 98k

■ Waffenart

Der bekannte Karabiner 98 kurz ist ein Repetiergewehr im Kaliber 8 x 57 IS. Er hat einen Drehzylinderverschluss. Die Patronen werden aus einem fest eingebauten Kastenmagazin für fünf Patronen zugeführt. Dieses kann mit einzelnen Patronen oder mit auf Ladestreifen gezogenen Patronen geladen werden.

Die SIG P210-4 brachte der BGS mit. Erst später erhielt sie die Bezeichnung P2.

Historisches

Der Karabiner 98k (K98k) wurde im Jahr 1935 bei der deutschen Wehrmacht eingeführt. Er sollte urspünglich das lange Gewehr 98 und den kurzen Karabiner gleichermaßen ersetzen. Der Karabiner 98k folgt in der technischen Gestaltung seinen Vorgängermodellen mit dem Mauser-System 98. Der Karabiner 98k war außerordentlich zuverlässig und langlebig. Bis zum Ende des Zweiten Weltkrieges wurden in Deutschland und den besetzten Gebieten 12,8 Millionen Exemplare hergestellt. Die Waffen wurden nach dem Krieg in alle Teile der Welt verstreut, wo sie noch Jahrzehnte im Gebrauch waren. Viele dieser Gewehre werden noch heute zu Jagd- oder Sportwaffen umgebaut.

Besonderheiten

Das Mauser-System 98 kann als das erfolgreichste Repetiersystem der Welt angesehen werden. Obwohl man bei Einführung des Karabiners 98 kurz bereits gute Erfahrungen mit Selbstladewaffen gemacht hatte, blieb das Heereswaffenamt zunächst beim Repetiergewehr. Der K98k wurde während des Krieges, in Hinblick auf eine rationellere Fertigung zunehmend entfeinert. Jedoch bot das System selbst keine Möglichkeiten, wie bei anderen Waffen, Gehäuse oder andere wesentliche Waffenteile in Blech zu fertigen. Waffen des Systems Mauser 98 werden heute noch für zivile Zwecke hergestellt.

Bundeswehr

Die Bundeswehr erhielt den Karabiner 98 kurz aus den Beständen des BGS. Die Waffe wurde auch hier im ursprünglichen Wehrmachtskaliber 8 x 57 IS geführt. Weil die Waffe als Repetiergewehr nicht mehr den taktischen Ansprüchen genügte, wurde sie zügig aus der Truppenverwendung herausgenommen. Die Waffe ist bis heute aber beim Wachbataillon der Bundeswehr als Präsentationswaffe in Verwendung.

Maschinengewehr MG42

Waffenart

Das berühmte MG42 (siehe auch das MG3 in Bild S. 28) ist ein nur vollautomatisch schießendes Mehrzweck-Maschinengewehr im Kaliber 8 x 57 IS. Es ist ein Rückstoßlader mit starr verriegeltem Rollen-Verschluss und beweglichem Rohr mit kurzem Rohrrücklauf. Die Munition wird aus Metallglieder-Gurten zu 50 Patronen zugeführt. Einzelne Gurte können miteinander verbunden werden.

Historisches

Das MG42 wurde im Jahr 1942 in die Wehrmacht des Dritten Reiches eingeführt. Das MG42 sollte ursprünglich das sehr teuer und aufwändig gefertigte MG34 ablösen, das zudem bei großer Kälte und starker Verschmutzung Funktionsschwierigkeiten hatte. Wegen des großen Bedarfs an Maschinengewehren war eine Ablösung allerdings nicht möglich. Als Konstruktionsfirma für das MG42 gilt die Firma Großfuß in Döbeln, respektive deren Konstrukteur Dr. Gruner. Waffenhistoriker gehen allerdings davon aus, das die Idee zum Rollenverschluss aus dem Heereswaffenamt kam; denn weder die Firma Großfuß noch Dr. Gruner hatten vor der Entwicklung des MG42 an Waffen gearbeitet. Vielmehr war die Firma auf Blechprägearbeiten spezialisiert, was in Hinblick auf die gewünschte rationelle Herstellungsweise neuer Infanteriewaffen für das Heereswaffenamt von größtem Interesse war. Hergestellt wurde die Waffe dann in Deutschland bei vier Hauptunternehmen, nämlich Mauser, Maget, Großfuß und den Gustloff-Werken, die sich einer großen Zahl von Zulieferern bedienten. Weiterhin wurde die Waffe auch bei den Steyr-Werken in Österreich produziert. Bis Kriegsende sollen rund 350 000 Exemplare hergestellt worden sein.

Besonderheiten

Das MG42 ist eine gegenüber dem MG34 deutlich vereinfachte und wesentlich besser auf die Anforderungen moderner Massenfertigung ausgerichtete Waffe. So besteht das Gehäuse der Waffe aus geprägtem Blech, was eine kürze Fertigungszeit und niedrigere Fertigungskosten bringt. Die starre Verriegelung mittels eines Rollenverschlusses hat sich von Anfang an gut bewährt. Durch großzügige Fertigungstoleranzen war das MG42 weitaus weniger empfindlich gegen Verschmutzung und Kälte als das MG34. Das MG42 gilt unter Waffenfachleuten als das beste Mehrzweck-MG des Zweiten Weltkrieges.

■ Bundeswehr

Die ersten Maschinengewehre MG42 erhielt die Bundeswehr aus den Beständen des BGS. Wie bereits beim BGS, blieb die Waffe auch bei der Bundeswehr zunächst im ursprünglichen Kaliber 8 x 57 IS im Gebrauch. Die Waffen wurden später auf das Kaliber 7,62 mm x 51 umgebaut. Diese Waffen erhielten die offizielle Bezeichnung MG2 (siehe auch S. 28).

Beretta-Maschinenpistole MP38/49

■ Waffenart

Die MP38/49 ist eine wahlweise halb- oder vollautomatisch schießende Maschinenpistole im Kaliber 9 mm x 19. Sie hat einen unverriegelten Verschluss und schießt aus offener Verschlussstellung. Anstelle eines Feuerwahlhebels hat die MP38/49 zwei hintereinander liegende Abzüge für Einzel- und Dauerfeuer. Die Patronen werden aus Wechselmagazinen für 20 oder 40 Schuss zugeführt.

■ Historisches

Die MP38/49 wurde ab 1950 bei Beretta gefertigt und gehörte zur Ausrüstung der italienischen Streitkräfte. Entwickelt wurde sie unter der Leitung von Tullio Marengoni im Jahr 1949.

■ Besonderheiten

Die MP38/49 schießt aus offener Verschlussstellung wie viele andere Maschinenpistolen auch. Allen diesen Waffen haftet die Gefahr an, dass bei einem Schlag oder Stoß der Verschluss der fertiggeladenen Waffe nach vorne geht und eine Patrone zündet. Speziell die MP38/49 tendierte häufiger dazu.

■ Bundeswehr

Die MP38/49 kam aus den Beständen des BGS zur Bundeswehr. Die Waffe hatte dort wegen ihrer Unfallträchtigkeit keinen besonders guten Ruf und wurde als „Selbstmörder-Waffe" bezeichnet. Die Waffe erhielt später die Bezeichnung MP1. Während der BGS sie relativ lange im Gebrauch hatte, verschwand die MP38/49 zügig aus den Beständen der Bundeswehr.

Rückgriffe und zu neuen Ufern

Während der Kämpfe speziell im Osten hatte sich die Überlegenheit einer neuer Waffenart gezeigt, die halb- und vollautomatisch eine leistungsreduzierte Patrone verschoss und gleichzeitig Maschinenpistole, Gewehr und, zumindest eingeschränkt, das leichte Maschinengewehr ersetzen konnte: das Sturmgewehr. Es verwirklichte eine bereits lange vor Ausbruch des Krieges verfolgte Idee von der sogenannten Einheitswaffe, also nur einer einzigen Waffenart in der Schützengruppe. Zusätzlich verwirklichte es den Wunsch nach einer impulsschwächeren Patrone, denn bereits nach dem Ersten Weltkrieg hatte man in diversen Ländern erkennen müssen, dass die Infanteriepatronen stärker waren, als für das Gefechtsfeld sinnvoll. Diese Ideen sah man im Sturmgewehr verwirklicht. Darüber hinaus war es auch für eine moderne Massenfertigung mit einfachen Werkzeugen und leicht verfügbaren Materialien ausgelegt (wenn auch hier bis zum Ende des Krieges nicht alles umgesetzt werden konnte, was angedacht war).

Als man sich in der Bundesrepublik mit einer Ausrüstungsplanung für eine zukünftige Armee beschäftigte, zielten die Überlegungen auf eine Neufertigung eben dieser Waffe, des Sturmgewehrs 44. Entsprechende Unterlagen zur Kalkulation gab es bei der damals erst wenige Jahre alten Firma Heckler & Koch in Oberndorf (siehe auch Abbildungen S. 12). Jedoch sah man bei H & K bessere Möglichkeiten, nämlich eine neu entwickelte Waffe mit kürzerer Fertigungszeit und niedrigerem Materialbedarf, insbesondere aber niedrigeren Einrichtungskosten für die Fertigung.

Diese Vorteile schienen die Verantwortlichen zu überzeugen, so dass man die Neufertigung des Sturmgewehrs 44 zugunsten der neuen Waffe verwarf. Eine Entscheidung, die aus heutiger Sicht sicherlich keine schlechte war, jedoch zu erheblichen Problemen führte; denn die Neuentwicklung stellte sich damals eigentlich mehr als eine nur neu zu entwickelnde Waffe dar: Das in den Unterlagen von Heckler & Koch als „V-Gewehr" bezeichnete Gerät war zwar funktionsfähig, aber selbst vom Stadium der Vorserie noch weit entfernt. Weil der Bedarf an Handwaffen noch nicht so dringend war, konnte man sich das Warten zunächst leisten. Allerdings nicht allzu lange,

Das CETME-Gewehr aus dem Truppenversuch 1956.

weil mit der Vergrößerung des BGS dort nicht nur der Bedarf an Waffen wuchs, sondern auch der Wunsch nach modernerem Gerät. Und so wurde nicht nur die Nachfrage nach dem spanischen CETME-Gewehr, als solches hatte sich das V-Gewehr entpuppt, immer größer, man begann sich auch anderweitig umzuschauen. Damit geriet auch eine Waffe der belgischen Firma Fabrique Nationale d'Armes de Guerre (FN) in die engere Wahl sowohl des BGS als auch der Bundeswehr. Nach einer Vorführung der als Fusil Automatic Léger (FAL) bezeichneten Waffe zusammen mit dem CETME-Gewehr in Köln-Wahnerheide im Januar 1955 entschloss sich der BGS zu einer weiteren Erprobung der Waffe, die in Deutschland zunächst als FN-Gewehr 7,62 mm bezeichnet wurde. Die Erprobungen verliefen positiv, weshalb man sich zum Ankauf von zunächst 1600 Exemplaren entschloss. Später orderte man weitere 4800 Exemplare. Gleichzeitig verwarf man beim BGS die Idee, das CETME-Gewehr zu kaufen, obwohl man nach der Erprobung von zwei Waffen der Vorserie dieses Gewehr für geeigneter hielt als das belgische FN. Der Grund ist in den geänderten Planungen für die personelle Ausstattung des BGS zu sehen. Mit der Aufstellung der Bundeswehr hatte die Vergrößerung des BGS keine Priorität mehr, war somit auch eine für die Massenfertigung geeignete Waffe hier nicht mehr unbedingt nötig. Der BGS blieb beim FN-Gewehr, die Übergangslösung wurde zur Dauerlösung.

Derweil wurde das Problem der Ausrüstung mit einer modernen Handfeuerwaffe bei der Bundeswehr immer dringlicher. Mit der Einführung der allgemeinen Wehrpflicht war die Grundlage für eine personell starke Truppe gelegt worden. Diese benötigte ein leistungsfähiges Gewehr und zwar ausgesprochen schnell. Weil sich bezüglich der Serienfertigung des CETME-Gewehrs auch 1956 noch keine konkreten Ergebnisse abzeichneten, führte auch die Bundeswehr Versuche mit dem FN-Gewehr durch. Dabei zeigte sich die Waffe durchaus als geeignet, wenn auch mancher Aspekt, speziell Fertigungszeit und Materialbedarf nicht den deutschen Vorstellungen entsprachen.

Das Provisorium

Letztlich hatte die Firma FN in der Frage der Ausstattung der Bundeswehr aber die entscheidende Trumpfkarte in der Hand: die schnelle Lieferfähigkeit. Denn das FN-Gewehr stand bereit in diversen Ländern der NATO, aber auch anderer westlicher Länder in der Truppenerprobung. Kanada hatte sogar schon die Einführung der Waffe beschlossen und FN hatte die Serienfertigung vorbereitet. So konnte man den Wunsch der Bundeswehr, eine größere Stückzahl innerhalb einer relativ kurzen Zeit zu erhalten, auch erfüllen. Die größere Stückzahl bezifferte man auf 100 000 Exemplare, die Lieferzeit auf knapp zwei Jahre. Das FN-Gewehr, erst später als Gewehr G1 bezeichnet, hatte das Rennen gegen das eigentlich favorisierte CETME-Gewehr gewonnen. Dieses wurde allerdings weiterhin erprobt und in unzähligen Details verbessert. Parallel dazu wurde in Deutschland bei Heckler & Koch auch die Vorbereitungen zur Aufnahme der Serienfertigung vorangetrieben.

Erprobt aber abgelehnt. Das leichte Maschinengewehr Mauser-CETME konnte bei der Bundewehr nicht überzeugen.

Gewehr G1

■ Waffenart

Das G1 (FN-Gewehr) ist ein wahlweise halb- oder vollautomatisch schießendes Gewehr im Kaliber 7,62 mm x 51. Es ist ein Gasdrucklader mit angebohrtem Waffenrohr und starr verriegeltem Verschluss. Die Patronen werden aus einem Magazin für 20 Patronen zugeführt.

■ Historisches

Das Gewehr G1 ist eine in Details den deutschen Wünschen angepasste Version des von der belgischen Firma, Fabrique Nationale d'Armes de Guerre gefertigten Gewehrs FAL, Fusil Automatic Léger, zu deutsch leichtes automatisches Gewehr. Entwickelt wurde die Waffe von Dieudonné Saive ursprünglich als Sturmgewehr für eine Kurzpatrone. Die Waffe wurde mehrfach an diverse neue Patronen angepasst, zuletzt an die NATO-Patrone 7,62 mm x 51. Kanada war das erste Land, das das FAL ankauf und ihm damit eine serienmäßige Gestalt gab. Dieses „Kanada"-Modell wurde 1955 auch in Deutschland vorgeführt. Nachdem die Waffe dann bereits beim BGS in kleineren Mengen angekauft und für diesen auch das Zweibein mit Handschutz aus Blech entwickelt wurde, entschied sich auch die Bundeswehr zum Ankauf der Waffe, die allerding nochmals in diversen Details geändert werden sollte. So wurde unter anderem die Visierung niedriger gestaltet und die Beschriftung verändert.

■ Besonderheiten

Das FN FAL ist in der gesamten westlichen Welt verbreitet. Die Fabbrique Nationale vergab in eine Vielzahl von Ländern Fertigungslizenzen, darunter auch nach Großbritannien und Kanada. Das FAL wurde unter der Bezeichnung T48 auch in den USA erprobt und hatte zunächst gute Chancen, das NATO-Einheitsgewehr zu werden. Unterschiedliche Auffassungen in den einzelnen Mitgliedsstaaten brachten diese Idee zum scheitern.

■ Bundeswehr

Bei der Bundeswehr wurde die Waffe zunächst einfach als FN-Gewehr bezeichnet. Vorübergehend hieß es FN-Gewehr Deutsches Modell (DM) 1. Erst in den 60er Jahren wurde die Waffe in Gewehr 1 (G1) umbenannt. Man muss festhalten: Das FN-Gewehr wurde von der Bundeswehr aus akutem Waffenmangel heraus angekauft. Die Waffe entsprach aber aufgrund der aufwändigen, zeitintensiven und teueren Herstellungsweise nicht den deutschen Anforderungen. Weil das spätere Gewehr G3 jedoch noch nicht verfügbar war, wurden 100 000 FN-Gewehre angekauft, die von der Herstellerfirma

Für Lehrzwecke. Ein Schnittmodell des Gewehres G1 (FN-Gewehr).

innerhalb von zwei Jahren geliefert werden konnten. Die Bundeswehr verkaufte Kontingente dieser Waffe schließlich den frühen 60er Jahren ins Ausland und gab andere an den BGS ab.

Das Wunschkind

Den bereits zu Beginn der 50er Jahre definierten Ansprüchen hinsichtlich eines neuen Sturmgewehrs kam das in Spanien von der CETME entwickelte Gewehr am nächsten. Insbesondere die Fertigung in Blechprägetechnik und die damit verbundene geringe Fertigungszeit, aber auch die geringen Fertigungskosten standen bei den deutschen Militärs nach den Erfahrungen des Zweiten Weltkrieges ganz oben auf der Wunschliste. Als deutsche Behörden noch vor Aufstellung der Bundeswehr von den Entwicklungen in Spanien erfuhren, zeigten sie sofort Interesse. Die Waffe war indes damals noch nicht so weit gediehen, als dass an eine Aufnahme der Fertigung zu denken gewesen wäre. Zudem war das Gewehr von CETME zu diesem Zeitpunkt ausschließlich an den Wünschen des Spanischen Militärs ausgerichtet. Zwar war auch von diesem ein kurze und handliche Waffe, die halb- und vollautomatisch schießen konnte, gewünscht. Die Spanier verfolgten aber hinsichtlich des Einsatzes der Waffe andere Überlegungen. Basierend auf diesen Überlegungen war das CETME-Gewehr für eine ungewöhnliche Kurzpatrone mit Langgeschoss konzipiert. Diese Kurzpatrone hatte einen relativ geringen Rückstoßimpuls, der es ermöglichte, die Waffe auch im Dauerfeuer gut zu kontrollieren. Bei ersten Vorführungen im Jahr 1955 in Deutschland wurde dann auch das Gewehr selbst von den Testern als sehr gut erachtet, die Munition indes fand durchweg Kritik. Gerade in diesem Punkt besserten die Mitarbeiter der CETME mehrfach nach. So wurde noch vom BGS eine Patrone mit einem gewöhnlich geformten Geschoss gefordert, die man bei CETME auch entwickelte. Sie basierte auf der Hülse der bisherigen Patrone 7,62 mm x 40 mit Langgeschoss. Gerade diese Patronenhülse war aber von der Bundeswehr nicht gewünscht; statt dessen verlangte man hier nach einer Patrone, die in den Außenabmessungen der Hülse der neuen NATO-Patrone entsprach. Nachdem man auch diesem Wunsch bei CETME nachkam, verlangte die Bundeswehr schließlich nach der in allen Eckpunkten festgelegten NATO-Patrone mit ihrem relativ hohen Energiewert. CETME tat sich zunächst vordergründig relativ leicht, das Gewehr auch an die wesentlich impulsstärkere Patrone anzupassen und begann die Sereinfertigung vorzubereiten. Bei der folgenden Truppenerprobung (1956) zeigte sich dann eine Vielzahl von Schwächen an der Waffe. Nicht nur, dass sie in einer Fülle von Details (die Bedienung betreffend) nicht den Vorstellungen der Truppe entsprach, es zeigte sich auch, dass die Waffe mit der starken NATO-Patrone erhebliche Probleme hatte. Insbesondere die Prellung des Verschlusses und in Folge die Schussabgabe bei nicht vollständig geschlossenem Verschluss machte erhebliche Schwierigkeiten und erforderte einen gewaltigen Aufwand seitens des Entwicklers CETME, des deutschen Herstellers Heckler & Koch, speziell aber auch des die Entwicklung und Serienreifmachung unterstützenden Beschaffungsamtes.

Gewehr CETME

▪ Waffenart

Das CETME (siehe Bild S.18) ist ein wahlweise halb- oder vollautomatisch schießendes Gewehr im Kaliber 7,62 mm x 51. Es ist ein Rückstoßlader mit übersetztem Masseverschluss. Es schießt halbautomatisch aus geschlossener, vollautomatisch aus offener Verschlussstellung. Die Patronen werden aus Wechselmagazinen zu 25 Patronen zugeführt.

▪ Historisches

Die 400 für die Truppenerpobung bei der Bundeswehr bestimmten Waffen wurden bei Heckler & Koch in Oberndorf montiert, Teile wurden von CETME aus Spanien geliefert. Das Truppenversuchsmodell hatte gegenüber der urspünglichen Konstruktion bereits diverse Veränderungen erfahren. Dazu gehört nicht nur das Kaliber; auch die Schlosskonstruktion, die ein vollautomatisches Schießen aus offener Verschlussstellung erlaubt, wurde erst bei diesem Modell realisiert.

▪ Besonderheiten

Mit dem CETME-Gewehr von 1956 versuchte man die Idee der Einheitswaffe etwas stärker in Richtung leichtes Maschinengewehr zu verschieben. Dazu wurde von Ludwig Vorgrimmler, einem ehemaligen Mauser-Ingenieur in Spanien, die Abzuggruppe so gestaltet, dass bei Dauerfeuer der Verschluss offenbleibt und die Waffe besser auskühlen kann. Der Feuerwahlhebel wurde gegenüber den frühen CETME-Ausführungen von der linken auf die rechte Waffenseite verlegt, die Stellung „Gesichert" befindet sich zwischen den Stellungen „Einzelfeuer" und „Dauerfeuer".

Bundeswehr

Die Waffe entsprach mit der aufwändigen Schlosskonstruktion nicht den Vorstellungen der Bundeswehr. Auch die Ausgestaltung des Zweibeins konnte, wie eine Vielzahl von weiteren Details, die Truppe nicht überzeugen. Immerhin hatte man nach der Truppenerprobung die Gewißheit, dass man auf dem richtigen Weg war.

Evolution

Das CETME-Gewehr war wie oben bereits gesagt bei seiner Vorstellung in Deutschland in sehr vielen Details noch überarbeitungsbedürftig. Insbesondere war es in Spanien ohne enge Mitwirkung der Militärs entstanden, eine Umstand, der sich gerade bei der Truppenerprobung in Deutschland als gravierender Nachteil herausstellte, weil Handhabung und Bedienung oft an der Realität der Truppe und ihren spezifischen Wünschen vorbeiging. Selbst der Generaldirektor der CETME, Werner Heynen, beklagt in seiner Abhandlung über die Entstehungsgeschichte des Gewehrs CETME das Fehlen jeglicher positiver Einflüsse aus der Truppe in der Frühphase der Entwicklung. So wurden nach der Truppenerprobung der ersten 400 Gewehre eine ganze Reihe von Änderungen verlangt. Eine der wichtigsten Foderungen war die Verringerung des Gewichts der Waffe, das ungeladen mit rund 4,85 Kilogramm nach Ansicht der Truppe zu hoch lag. Weitere Forderungen waren die Anbringung eines Handschutzes, der Wegfall des Verschlussfanges, eine Durchlademöglichkeit auch bei gesicherter Waffe, ein besserer Handgriff und eine verlängerte und in der Formgebung verbesserte Schulterstütze. Geändert werden sollte auch die Visierung und der Kornschutz, zudem sollte der Magazininhalt auf 20 Patronen reduziert werden. Nach der Auflage einer weiteren Serie von 20 Stück, bei der die Änderungswünsche berücksichtigt wurden, nannte die Truppe weitere Forderungen bezüglich einer Verbesserung der Waffe. Zu den wichtigsten gehörten eine Änderung des Systems dahingehend, dass halb- und vollautomatisches Feuer aus der geschlossenen Verschlussstellung abgegeben werden konnte. Der von Ludwig Vorgrimmler entwickelte Schlossmechanismus, der Dauerfeuer aus offener Verschlussstellung vorsah, erschien als zu kompliziert. Mit der Änderung des Schlosses wanderte der Sicherungs- und Feuerwahlhebel wieder auf die linke Seite der Waffe. Die Schließfeder sollte waffenfest angebracht werden und eine verbesserte Pufferung des Rückstosses das Schießen erträglicher machen. Weiterhin wurde gefordert, Gewehrgranaten direkt vom Mündungsfeuerdämpfer schießen zu können und für besondere Einsatzzwecke sollte ein Zielfernrohrhalter, aber auch eine einschieb- oder umlegbare Schulterstütze entworfen werden.

Nach Umsetzung dieser Wünsche wurde die geänderte Ausführung des CETME-Gewehrs 1959 unter der Bezeichnung Gewehr G3 in die Bundeswehr eingeführt. In den folgenden Jahren erfuhr diese Waffe weitere Änderungen. So wollte die Truppe auf das ursprünglich vorgesehene Zweibein verzichten, ebenso auf den aus Blech gefertigten Handschutz. Zunächst wurden deshalb Handschutz und Schulterstütze aus Holz gefertigt, ehe sie durch solche aus Kunststoff ersetzt wurden. Geändert wurde auch die Befestigung des Handschutzes dahingehend, dass er beim Auflegen der Waffe nicht gegen das Waffenrohr drückte, was zu einer Veränderung der Treffpunktlage führt. Die so geänderte Ausführung erhielt den Zusatz FS für Freischwinger.

Gewehr G3

Waffenart

Das G3 ist ein wahlweise halb- oder vollautomatisch schießendes Gewehr im Kaliber 7,62 mm x 51. Es ist ein Rückstoßlader mit übersetztem Masseverschluss. Die Patronen werden aus einem Wechselmagazin für 20 Patronen zugeführt.

Das Gewehr G3 wurde zum Massenprodukt. Im Bild oben die Waffe mit der Seriennummer 1 000 000.

Alle G3 können mit einem Zielfernrohr ausgestattet werden. Im Bild unter der Waffe das Hensoldt 4x24.

■ Historisches

Das G3 ist die den Vorstellungen der Bundeswehr entsprechende, wesentlich verfeinerte Version des CETME-Gewehrs. Das G3 wurde 1959 in die Bundeswehr eingeführt und in den frühen Jahren mehrmals modifiziert. Die Waffe wurde in diesen frühen Jahren nicht nur bei Heckler & Koch, sondern auch bei Rheinmetall gefertigt. Neben der Bundeswehr nutzte es auch eine Vielzahl ausländischer Armeen und Behörden. Die Bundesregierung vergab auch Herstellungslizenzen in diverse Länder.

■ Besonderheiten

Mit dem G3 hat man sich in vielerlei Hinsicht von der urspünglichen Sturmgewehridee entfernt. Nicht nur hinsichtlich des Kalibers, auch bezüglich der verwendeten Materialsorten, der Fertigungsqualität und Kosten war das neue Gewehr für die Bundeswehr nicht das, was man eigentlich gewollt hat.

■ Bundeswehr

Mit Einführung des G3 wurden Zug um Zug alle anderen Gewehre aus den Beständen ausgesondert. Es war und ist in Varianten mit fester und einschiebbarer Schulterstütze sowie in einer Zielfernrohrversion vorhanden. Das G3 wird bis auf weiteres bei der Bundeswehr genutzt, auch wenn man bereits begonnen hat, die Bestände zu reduzieren. Die Stückzahl der für die Bundeswehr gefertigten G3 ist nicht genau bekannt, sie wird auf rund 1,5 Millionen Exemplare geschätzt.

Verschenkt

Bei den Überlegungen für die Ausstattung einer neuen Armee griffen die Planer zunächst auf Bekanntes und Bewährtes aus dem vergangenen Krieg zurück. Nicht nur das Sturmgewehr 44 stand bei den Waffenspezialisten ganz oben auf der Wunschliste, sondern auch die Patrone, für die das Sturmgewehr 44 eingerichtet war: die Pistolenpatrone 43, Kaliber 7,92 mm x 33. Mit ihrer offiziellen Einführung im Jahre 1943 erfüllte sich ein von den Militärs lange gehegter Wunsch einer ausreichend leistungsstarken, aber impulsschwachen Patrone. Der Hintergrund für diese beiden Wünsche ist simpel und liegt in den Erfahrungen des Ersten Weltkrieges begründet: Mit der Verbesserung des Treibladungspulvers, insbesondere aber auch mit den Veränderungen am Geschoss im Hinblick auf eine bessere Aerodynamik, hatte sich die Leistung der Infanteriewaffenmunition erheblich gesteigert. Gleichzeitig hat sich aber gezeigt, dass die

Kampfentfernungen deutlich niedriger liegen, als bisher angenommen. Im Ergebnis bedeutete das, dass der Soldat eine viel zu starke Patrone verschoss und durch den starken Rückstoss unnötig belastet wurde. Die erforderliche Geschossenergie ließ sich auch mit einer geringeren Pulvermenge erzielen, die sich wiederum in einer geringer bemaßten Patronenhülse unterbringen ließ. Eine kleinere Hülse bedeutete weniger Material in der Herstellung, aber auch weniger Gewicht für den Soldaten und geringeres Packmaß.

Gleichzeitig sollte die Patrone aber auch einen geringeren Impuls haben, um mit einem geringeren Rückstoß den Schützen nicht unnötig zu belasten. Gerade diesem Aspekt kam später, als man sich ab Mitte der 30er Jahre verstärkt um eine solche sogenannte Kurzpatrone kümmerte, Bedeutung zu, weil man bei der Entwicklung der zugehörigen neuen Waffengeneration auch eine vollautomatische Funktion beabsichtigte. Gerade aber um den Feuerstoß beherrschen zu können, ist ein geringer Rückstoßimpuls erforderlich.

Mit einer glücklichen Kombination aus Waffe und Munition hätte man dann die Waffe, die man sich wünschte: Eine Waffe, die in der Schützengruppe MP, Gewehr und auch leichtes MG ersetzen konnte; mithin eine Einheitswaffe, ein Sturmgewehr. Und genau ein solches Sturmgewehr wollte man in Deutschland für die Bundeswehr wieder haben. Selbst als man den Plan zur Neufertigung des Sturmgewehr 44 verworfen hatte, blieb es beim Wunsch nach einer leistungsredzierten Kurzpatrone. Mit der Normung innerhalb der NATO kam dann alles anders. Nach diversen Auseinandersetzungen zwischen der führenden NATO-Staaten, insbesondere den USA und Großbritannnien, wurde der amerikanische Vorschlag zu einer einheitlichen Patrone innerhalb des Bündnisses akzeptiert: Eine impulsstarke Langpatrone, die 7,62 mm x 51. Damit blieb in Deutschland nur wenig Spielraum, auch wenn man der CETME nach einer Vorführung deren Gewehrs noch den Entwicklungsauftrag erteilte, eine schwächere Patrone mit den Abmessungen der NATO-Patrone zu gestalten, an der genormten Patrone führte auf Dauer kein Weg vorbei. Und so ließen sich die neuen Waffen, die für diese NATO-Einheitspatrone eingerichtet waren, weder so leicht bauen wie ursprünglich beabsichtigt, noch im Dauerfeuer sinnvoll beherrschen. Damit ging nicht nur die Idee des Sturmgewehrs verlo-

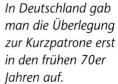

In Deutschland gab man die Überlegung zur Kurzpatrone erst in den frühen 70er Jahren auf.

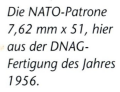

Die NATO-Patrone 7,62 mm x 51, hier aus der DNAG-Fertigung des Jahres 1956.

ren, die neuen Gewehre konnten auch nicht als Einheitswaffe eingesetzt werden. Denn unterhalb des Gewehrs blieb eine Lücke, die mit der Maschinenpistole (S. 31 „Lückenfüller") gefüllt werden musste.

Am Rande

Parallel zur Beschaffung des Gewehrs FN FAL und der Weiterentwicklung des CETME-Gewehrs erprobte die Bundeswehr zwei weitere Gewehre. Aus der Schweiz kam eine Variante des dort gerade neu eingeführten Sturmgewehrs 57 im Kaliber 7,62 mm x 51. Die Waffe erhielt vom Materialamt der Bundeswehr die Bezeichnung G2. Die Waffe war in zwei Modellen in Erprobung, nämlich einer Variante, bei der Schulterstütze und Handschutz aus Holz waren, sowie einer, bei der die Schulterstütze aus einer speziellen Gummimischung bestand. Die Waffe entsprach wegen ihres hohen Gewichts allerdings nicht den Vorstellungen der deutschen Militärs, die zu dieser Zeit, um ein Planziel der NATO zu verwirklichen, besonders leichte Waffen wünschten. Der Grund für den Ankauf und die Erprobung der Waffen dürfte damals wohl eher in der technischen Verwandschaft der Verschlusskonstruktion mit der des CETME-Gewehrs gelegen haben.

Der zweite Kandidat hatte vom Start weg deutlich bessere Chancen als das Gewehr aus der Schweiz. Es handelt sich dabei um das Gewehr AR10. Ursprünglich entwickelt von der US-amerikanischen Firma ArmaLite, konnte die Waffe bei Erprobungen durch die US-Armee nicht überzeugen. Die holländische Firma Artillerie Inrichtungen erwarb die Fertigungsrechte für Europa und unterzog die Waffe, zusammen mit einem der amerikanischen Konstrukteure, einer Überarbeitung, die auch das Erscheinungsbild der Waffe veränderte. Die Bundeswehr interessierte sich hauptsächlich wegen des geringen Gewichts der Waffe von 3,2 Kilogramm für dieses Modell. Aber auch der hier realisierte Gedanke der Waffenfamilie fand großen Anklang, insbesondere das auf dem AR10 basierende leichte Maschinengewehr. Obwohl das Gewehr bei den ersten Verschlammungsversuchen kläglich versagte, wurde die Waffe im Auftrag der Bundeswehr weiterentwickelt. Schließlich kam es auch zu einem Truppenversuch und es kam zur Einführungsgenehmigung für diese Waffe, die zwischenzeitlich die Bezeichnung G4 erhalten hatte. Letztlich konnte der Hersteller aber die vielen gewünschten Detailänderungen nicht umsetzen, zudem verfügte er nicht über die Möglichkeiten, in kurzer Zeit große Stückzahlen zu produzieren. Im Kampf um die Ausstattung der Bundeswehr mit einem Gewehr blieb das zwischenzeitlich zum Gewehr G3 entwickelte CETME-Gewehr Sieger.

Gewehr G2

■ **Waffenart**

Das G2 (siehe Bild S. 25) ist ein wahlweise halb- oder vollautomatisch schießendes Gewehr im Kaliber 7,62 mm x 51. Es ist ein Rückstoßlader mit übersetztem Masseverschluss. Die Patronen werden aus einem Wechselmagazin für 24 Patronen zugeführt.

■ **Historisches**

Beim Gewehr G2 handelt es sich um eine Variante des Schweizer Sturmgewehrs 57 im NATO-Kaliber. Die Waffe wurde von Rudolf Amsler bei der Schweizer Industrie Gesellschaft (SIG) entwickelt und 1955 unter der Bezeichnung AM55 der Armee in der Schweiz vorgestellt. Diese hatte diverse Änderungswünsche, sodass die Waffe erst 1957 eingeführt werden konnte.

■ **Besonderheiten**

Auch beim Sturmgewehr 57 im Schweizer Kaliber 7,5 x 55 wurde das Prinzip des übersetzten Masseverschlusses angewendet. Es ähnelt insofern dem CETME-Gewehr und dem daraus entstanden G3. In der technischen Ausführung weicht der Verschluss allerdings deutlich von dem der spanischen und der deutschen Waffe ab. Weil die Schweizer Armee mit dem Gewehr auch eine besonders starke Gewehrgranate verschießen wollte, wurde eine Schulterstütze aus Hartgummi entwickelt, die es ermöglicht, die Waffe beim Abschuss auf den Boden zu stellen.

■ **Bundeswehr**

Die Bundeswehr kaufte 50 Exemplare dieser Waffe an, davon 40 mit der Schulterstütze aus Gummi, zehn mit einer aus Holz. Sie diente lediglich zur Erprobung und war gemäß den deutschen Gewichtsvorgaben zu schwer.

Gewehr G4

■ Waffenart

Das G4 (siehe Bild oben) ist ein wahlweise halb- oder vollautomatisch schießendes Gewehr im Kaliber 7,62 mm x 51. Es ist ein Gasdrucklader mit angebohrtem Waffenrohr und starr verriegeltem Verschluss. Die Patronen werden aus einem Wechselmagazin für 20 Patronen zugeführt.

■ Historisches

Das G4 ist die den deutschen Wünschen angepasste Version des Gewehrs ArmaLite AR10. Die Waffe wurde von einem Team um Eugene Stoner bei der amerikanischen Firma ArmaLite entworfen. Nachdem sie bei Erprobungen in den USA nicht überzeugen konnte, erwarb die niederländische Firma Artillerie Inrichtungen in Hembrug die Fertigungslizenzen. Die Waffe wurde in ihrer äußeren Gestalt verändert und in Europa angeboten. Nachdem letztlich aber keine der großen Streitkräfte die Waffe einführte, wurden nur wenige tausend Exemplare gefertigt.

■ Besonderheiten

Das AR10 ist durch die großzügige Verwendung von Leichtmetall außergewöhnlich leicht. Bei ersten Prototypen war die Rohrseele aus Titan gefertigt. Dies bewährte sich allerdings nicht, weshalb man auf Stahl zurückgriff. Von Anfang an war mit dem AR10 eine Waffenfamilie geplant. Das aus dem AR10 entwickelte AR15 im Kaliber .223 Remington wurde später unter der Bezeichnung M16 Standardwaffe der US-Streitkräfte.

Ein Gewehr G2 mit Schulterstütze aus Hartgummi. Visierung und Zweibein sind angeklappt (Bild oben).

Ein Gewehr G4 aus dem Truppenversuch, hier ohne Zweibein (Bild unten).

■ **Bundeswehr**

Speziell das niedrige Gewicht und die Waffenfamilie interessierten die Bundeswehr, weshalb man trotz katastrophaler Ergebnisse bei den ersten Erprobungen unter erschwerten Bedingungen eine Weiterentwicklung der Waffe wünschte. Von einer verbesserten Version wurden 135 Exemplare einer Truppenerprobung unterzogen, jedoch war die Herstellerfirma nicht in der Lage, die gewünschten Detailänderungen umzusetzen und eine Serienfertigung zu garantieren. So blieb das G4 trotz Einführungsgenehmigung wie das G2 eine Randerscheinung.

Ideen

Für die Ausrüstung der Bundeswehr wurden noch vor ihrer Gründung vielfältige Planungen gemacht und Ideen geäußert. Zu diesen Ideen gehörte auch die bereits vor dem Zweiten Weltkrieg ins Auge gefasste Handwaffenfamilie. Obwohl man für die Bewaffnung des Infanteristen mit dem Sturmgewehr eine Einheitswaffe wollte, erkannte man doch, dass für Spezialisten andere Waffen nötig waren. So erkannte man auch weiterhin einen Bedarf an einer Maschinenpistole und an einem leichten, möglicherweise auch an einem Mehrzweck-Maschinengewehr. Um die Ausbildung an den unterschiedlichen Waffen möglichst einfach zu halten, sollten sich die unterschiedlichen Waffenarten in ihrem grundsätzlichen Aufbau stark ähneln, besser noch, weil für die Versorgung mit Ersatzteilen von Vorteil: Einzelne Baugruppen sollten bei den Waffenarten identisch sein.

Tatsächlich bot ArmaLite zum Gewehr AR10 eine Variante als leichtes Maschinengewehr, aber auch einen Kurz-Karabiner und eine Scharfschützen-Version an. Erstere und letztere fanden bei der Bundeswehr Interesse; lediglich mit der kurzen Variante im starken Gewehr-Kaliber konnte man sich nicht anfreunden. Aber auch die Firma CETME griff die Idee der Waffenfamilie auf und entwickelte zusammen mit der Firma Mauser ein auf dem CETME-Gewehr basierendes leichtes Maschinengewehr. Dieses konnte allerdings bei der Erprobung nicht überzeugen, letztlich wurde es von seinen Entwicklungsfirmen auch nicht an den jeweiligen Konstruktionsstand der bei Heckler & Koch weiterentwickelten Variante des CETME-Gewehrs angepasst. Die Bundeswehr lehnte diese Waffe deshalb ab, und die Beschaffer verwarfen die Idee der Waffenfamilie. Von den Herstellern wurde sie allerdings später doch umgesetzt. Heckler & Koch gestaltete die Maschinenpistole MP5 und das Maschinengewehr HK21 in Anlehnung an das Gewehr G3 (siehe Bild S.27).

Beliebt

Mit der Übernahme der Beamten des BGS kamen wie bereits geschildert neben dem Karabiner 98k auch Maschinengewehre 42 in den Bestand der Bundeswehr. Es handelte sich dabei um Waffen der ehemaligen Wehrmacht. Das MG42 hatte sich während der Zeit des Zweiten Weltkrieges hervorragend bewährt. Es war wesentlich unempfindlicher gegen Verschmutzung und Kälte als das bei der Wehrmacht ebenfalls noch geführte Maschinengewehr MG34. Es war durch die einfache Konstruktion und die weitgehende Verwendung von Blechprägeteilen wesentlich schneller und billiger zu fertigen als alle anderen deutschen und ausländischen Maschinengewehre. Wie bereits das MG34 war auch das MG42 ein sogenanntes Mehrzweck-Maschinengewehr. Es konnte sowohl vom Zweibein als leichtes, wie auch vom Dreibein als Flugabwehr- oder von der Erdziellafette als schweres Maschinengewehr benutzt werden. Darüber hinaus war es auch möglich, es mittels Einbausätzen als Bewaffnung von Fahrzeugen zu verwenden. Charakteristisch für das MG42 waren die Möglichkeit zum leichten Laufwechsel und seine hohe Schussfolge von rund 1500 Schuss pro Minute. Das MG42 war, wie der Karabiner 98k auch, für die Patrone 8 x 57 IS eingerichtet. In diesem Kaliber verblieben die Waffen zunächst auch bei der Bundeswehr. Parallel zur Verwendung der Wehrmachtswaffen richtete man bei der Firma Rheinmetall Fertigungsanlagen neu ein. Noch während der Vorbereitung der Serienfertigung stellte man das Kaliber der Waffe auf die neue NATO-Patrone 7,62 mm x 51 um. Die neugefertigten Waffen trugen zunächst die Firmenbezeichnung MG42/58, nach diversen Detailänderungen die Bezeichnung MG42/59. Diese Waffe wurde dann letztlich bei der Bundeswehr als neues Maschinengewehr eingeführt. In den Ausbildungsvorschriften, sowohl des BGS als auch der Bundeswehr, wurde dieses Maschinengewehr noch über Jahre als MG42 bezeichnet; die offizielle Bezeichnung für die Nachkriegsfertigung für die Bundeswehr war allerdings MG1. Parallel zur Fertigung des MG1 wurden auch alte Wehrmachtswaffen auf das neue NATO-Kaliber geändert. Diese Waffen, bei denen im wesentlichen Rohr und Verschlusskopf geändert wurden, bekamen die Bezeichnung MG2. Sie entsprachen auch nach der Änderung und Überarbeitung nicht in allen Details der Nachkriegsfertigung. Die Nachkriegsvariante des MG42 wurde auf Wunsch der Bundeswehr über die Jahre in diversen Details verändert und stetig verbessert, was zu den für die Bundeswehr beschafften Modellen MG1A3 sowie letztlich zum Modell MG3 (siehe auch Bild S. 28) führte. Maßgebend für die Änderungswünsche waren veränderte Bedingungen für die Haltbarkeit der Waffenteile, insbesondere der Waffenrohre, aber auch eine leichtere und sicherere Handhabung. Insbesondere eine unter dem Namen „NATO-BREMSE" bekannte Möglichkeit zum fehlerhaften Einbau der asymetrischen Verschlusssperre wurde durch eine Umgestaltung dieses Bauteils ausgeschlossen. Frühe Varianten der Nachkriegsfertigung wurden über die Jahre, soweit möglich, auf den neuesten Konstruktionsstand hochgerüstet. Bei der Weiterentwicklung stand auch die Aufrüstbarkeit der vorhandenen Gehäuse stets mit im Vordergrund. Das MG3 ist bis heute das Mehrzweck-MG der Bundeswehr. Auch wenn es über die Jahre Versuche mit anderen Modellen, etwa dem Rheinmetall-Maschinengewehr MG60 gab und auch eine kleine Anzahl einer Sonderversion des Heckler-&-Koch-Maschinengewehrs HK21 angekauft wurde, ein ernsthafter Konkurrent für die Waffen der MG42-Familie war über die Jahrzehnte bei der Bundeswehr nicht in Sicht. Die von der Bundeswehr gewünschte Gewichtsreduzierung der Waffe konnte vom Hersteller allerdings nicht in überzeugender Weise gelöst werden. Das unter der Bezeichnung MG3e, e für erleichtert, erprobte Maschinengewehr konnte insbesondere bei der Haltbarkeit der gewichtsreduzierten Teile, nämlich der Zweibeins und des Kolbens, nicht überzeugen.

Maschinenpistole MP5 und Maschinengewehr HK21 von Heckler & Koch.

MG1

Das Maschinengewehr 1 ist die nach dem Zweiten Weltkrieg bei der Firma Rheinmetall hergestellte Version des MG42 im Kaliber 7,62 mm x 51. Ursprünglich vom Hersteller als MG42/58 bezeichnet, wurde es bei der Bundeswehr zunächst noch MG42 genannt. Erst später setzte sich die Bezeichnung MG1 durch.

MG2

Das Maschinengewehr 2 ist das vom ursprünglichen Wehrmachts-Kaliber 8 x 57 IS auf das NATO-Kaliber 7,62 mm x 51 umgebaute MG42. Geändert wurden Rohr, Verschlusskopf, Zuführunterteil und diverse Kleinteile. Wegen der großen Umbauaktion war das MG2 nicht mehr in allen Details mit dem MG1 identisch.

MG1A3

Das Maschinengewehr 1A3 ist eine deutlich verbesserte Version des MG1. Insgesamt 25 Änderungen wurden gegenüber dem MG1 vorgenommen, um den gestiegenen Ansprüchen der Truppe Rechnung zu tragen. Zu den äußerlich leicht erkennbaren Änderungen gehört die Umgestaltung des Rückstoßverstärkers, der 36 Rasten anstelle der bisherigen acht erhielt. Gleichzeitig wurde auch die bisher als separates Bauteil ausgeführte Rückstoßverstärkerdüse in den Rückstoßverstärker eingearbeitet. Am Verschluss verhindert eine Schiene das Einhaken der Gurtglieder des Zerfallgurtes.

MG3

Das Maschinengewehr 3 ist eine nochmals verbesserte Version des MG1A3. Insgesamt wurden gegenüber dem Vorgängermodell

Maschinengewehr MG3. Es ist als Mehrzweck-MG bei der Bundeswehr im Einsatz.

35 Änderungen vorgenommen. Dazu gehört eine Umkonstruktion der Zuführung, so dass alle Gurttypen der NATO verwendet werden können, die Verschlusssperre wurde symetrisch ausgeführt, um die als „NATO-Bremse" bezeichnete, fehlerhafte Montage des Verschlusses zu verhindern, und alle Waffen erhielten ein umklappbares Fliegerabwehrvisier.

Bewährt

Neben dem Maschinengewehr 42 hatte sich bei der Wehrmacht auch die Pistole 38, abgekürzt P.38, bestens bewährt. Deshalb sollte sie auch die neue Dienstpistole der jungen Bundeswehr werden. Die Firma Walther, vom thüringischen Zella-Mehlis nach Ulm an der Donau umgesiedelt, erhielt deshalb schon 1956, ohne dass besonders intensive Erprobungen oder ein Vergleich mit anderen Pistolenmodellen vorausgegangen wären, den Auftrag, die Fertigung vorzubereiten. Während erste Exemplare noch, wie die Modelle aus der Zeit des Zweiten Weltkrieges, mit Stahlgriffstück gefertigt wurden, wollte die Bundeswehr aus Gewichts-, hauptsächlich aber aus Kostengründen, eine Waffe mit Leichtmetallgriffstück. Die Produktion dieser Waffen lief bei Walther im Jahr 1957 an. Parallel zu den aus Nachkriegsfertigung stammenden Waffen muss zumindest in den ersten Jahren der Bundeswehr noch ein gewisser Bestand an P38 der ehemaligen Wehrmacht in Verwendung gewesen sein. Für die Nachkriegsfertigung behielt man zunächst die ursprüngliche Bezeichnung der Wehrmacht bei, allerdings ohne Punkt, die Waffe hieß nun also P38 und ist auf dem Verschluss auch so gekennzeichnet. Erst ab zirka 1963 wurde die Bezeichnung auf P1 umgestellt und die Waffe entsprechend gekennzeichnet. Über die Jahre war an den Pistolen P38 respektive P1 eine Vielzahl von Änderungen nötig, um den stets wachsenden Ansprüchen der Truppe zu genügen. So wurde ursprünglich von der Bundeswehr eine Haltbarkeit von lediglich 500 Schuss verlangt. Ausschlaggebend für diese Forderungen waren die während des Krieges gemachten Erfahrungen, dass mit Pistolen relativ

Schon mehr als vier Jahrzehnte im Einsatz: Die Varianten der Pistole P1, zunächst P38 genannt.

Eine frühe P38 aus der Nachkriegsfertigung mit experimentellen Deckelschutzleisten.

wenig geschossen wird, aber relativ viele an der Front verloren gehen. Mit der steigenden Belastung der Waffen durch Generationen von Wehrpflichtigen stiegen dann auch die Forderungen an die Haltbarkeit über 3 000 auf heute 10 000 Schuss. Entsprechend vielfältig sind deshalb die technischen Ausführungen dieser Waffe, die heute noch in erheblichem Umfang bei der Truppe im Gebrauch ist.

Pistole P1

■ Waffenart

Die P1 ist eine Selbstladepistole im Kaliber 9 mm x 19. Sie ist ein Rückstoßlader mit verriegeltem Verschluss. Die P1 hat einen Spannabzug. Die Patronen werden aus einem Wechselmagazin für acht Patronen zugeführt.

■ Historisches

Die Waffe wurde ab Mitte der 30er Jahre bei der Firma Carl Walther, damals in Zella-Mehlis, Thüringen, entwickelt. Nach diversen Vormustern wurde eine Waffe mit der Bezeichnung „Heerespistole" im Jahr 1938 als neue Ordonnanzwaffe der Wehrmacht akzeptiert, woraus sich auch die Bezeichnung P38 ableitet. Eingeführt wurde die Waffe allerdings erst nach einigen Detailänderungen im Jahr 1940. Während des Krieges wurde die Waffe auch von Mauser und den Spreewerken produziert. Bis 1946, die Franzosen ließen nach der Besetzung der Mauser-Werke in Oberndorf noch Waffen für ihren eigenen Bedarf herstellen, wurden rund 1,3 Millionen Exemplare gefertigt.

■ Besonderheiten

Die P.38 war die erste Ordonnanzpistole mit Spannabzug. Darüber hinaus war sie die erste Pistole der deutsche Wehrmacht, die auf eine zeitsparende Massenfertigung ausgerichtet war. Das Verriegelungssystem mit einem Schwenkriegel wurde später von anderen Herstellern übernommen.

■ Bundeswehr

Die Bundeswehr begann mit dem Zulauf der damals noch als P38 bezeichneten Waffe mit der Ausmusterung der anderen Pistolenmodelle, die von den Amerikanern und dem BGS übernommen waren. Über die Jahre stiegen die

Anforderungen bezüglich der Haltbarkeit der Waffe enorm. Die Waffe steht heute noch bei der Truppe in Verwendung und wird, obwohl die Bestände schon reduziert wurden, noch längere Zeit als Dienstwaffe erhalten bleiben. Nach Aussage von Zeitzeugen hatte die Bundeswehr auch Exemplare mit Schalldämpfer im Bestand.

Bekannt

Neben der relativ großen Pistole P1 beschaffte man zum verdeckten Tragen auch Pistolen Walther PPK im Kaliber 7,65 mm. Auch diese Waffe war bereits bei der Wehrmacht in Verwendung und erfreute sich einer sehr großen Beliebtheit. Wie auch bei der P1 betrieb man bei der PPK keinerlei größere Erprobung. Walther konnte ab 1956 liefern und versorgte die Bundeswehr über Jahre hinweg mit insgesamt 7457 Exemplaren in den Ausführungen mit Stahl- und mit Leichtmetallgriffstück. Verwendung fand sie hauptsächlich bei Piloten der Luftwaffe, den Wallmeistern und nicht zuletzt bei den Feldjägern. Die Waffe erhielt von der Bundeswehr die Bezeichnung P21, die sich allerdings gegenüber der zivilen Bezeichnung Walther PPK nie durchsetzen konnte. Die Waffe wurde zwischenzeitlich durch die Pistole P7 von Heckler & Koch abgelöst. Es befinden sich allerdings noch immer Pistolen P21 in den Beständen der Bundeswehr.

Pistole P21

■ **Waffenart**

Die P21 ist eine Selbstladepistole im Kaliber 7,65 mm x 17. Sie ist ein Rückstoßlader mit unverriegeltem Verschluss. Die P21 hat einen Spannabzug. Die Patronen werden aus einem Wechselmagazin für sieben Patronen zugeführt.

■ **Historisches**

Die Walther PPK, PPK steht für Polizei-Pistole Kriminal, kam 1931 als kleineres Schwestermodell zum 1929 vorgestellten Modell PP, PP für Polizei-Pistole, auf den Markt. Die Waffe erfreute sich bei den diversen Organisationen des Dritten Reiches, später auch bei Polizei und Wehrmacht großer Beliebtheit. Nach dem Krieg erhielt die französische Firma Manurhin Fertigungslizenzen für diese Waffe und fertigte auch für die Neuausstattung der deutschen Polizei, bis Walther in Ulm selbst liefern konnte.

■ **Besonderheiten**

Technische Besonderheit der PPK war der Spannabzug, der es möglich machte, die Waffe sofort schussbereit, aber dennoch ohne Gefahr zu führen. Von der PPK gibt es unzählige Kopien, das Original wurde bis 1999 bei Walther in Ulm gefertigt.

■ **Bundeswehr**

Bei der Bundeswehr griff man gern auf die handliche Waffe zurück. In ihren Beständen fanden sich neben den Waffen aus Ulmer Fertigung auch solche aus französischer Manurhin-Produktion. Die P21 befindet sich derzeit in Ausmusterung.

Lückenfüller

Weil sich durch die NATO-Normung der Munition die Idee des Sturmgewehrs als Einheitswaffe des Infanteristen nicht umsetzen ließ, erkannte die Truppe einen Bedarf an einer Maschinenpistole als Einsatzwaffe unterhalb des Gewehrs. Maschinenpistolen waren schon mit den ersten Waffenlieferungen der USA in die Bestände der Bundeswehr gelangt. Es

Die Pistole P21 von Walther (PPK).

Maschinenpistole MP2A1 „Uzi".

handelte sich dabei um eine Ausführung der bekannten Thompson-Maschinenpistole mit der Bezeichnung M1A1. Durch die Übernahme von Personal des BGS mitsamt dessen Material kam weiterhin auch die Maschinenpistole Beretta in die Bestände der Truppe. Diese Waffe wurde dort auch für einige Jahre genutzt und erhielt später die Bezeichnung MP1. Sie entsprach allerdings, ebenso wie die M1A1, nicht den Wünschen der Bundeswehr, weshalb man sich auf die Suche nach einer neuen Waffe machte. In den Jahren 1956 und 1957 erfolgte deshalb die Erprobung von insgesamt sechs verschiedenen Versuchsmustern, teilweise aus deutscher, teilweise aus spanischer und letztlich auch aus israelischer Fertigung. Unter den deutschen Vertretern waren Modelle von Mauser, wie das Modell 57, aber auch eine stark modifizierte Neuauflage der bereits bei der Wehrmacht geführten MP40, die Erma MP59/60. Aus Spanien kam eine ursprünglich für den BGS konzipierte Maschinenpistole mit der Bezeichnung Dux, die versuchsweise auch in Deutschland hergestellt wurde. Sie war technisch an die russische Maschinenpistole PPSh41 aus dem Zweiten Weltkrieg angelehnt. Zum Zuge kam dann allerdings schließlich eine von dem Israeli Uziel Gal entwickelte Maschinenpistole, die in Anlehnung an seinen Namen Uzi genannt wurde. Die Waffe erhielt in Deutschland die Bezeichnung MP2, eine erst auf Wunsch der Bundeswehr entwickelte Version mit einklappbarer Schulterstütze die Bezeichnung MP2A1. Der größere Teil der Lieferungen an die Bundeswehr wurde nicht bei der ursprünglichen Herstellerfirma IMI, also Israeli Military Industries, gefertigt, sondern bei FN.

Maschinenpistole MP2

■ Waffenart

Die MP2 ist eine wahlweise halb- oder vollautomatisch schießende Maschinenpistole im Kaliber 9 mm x 19. Sie ist ein Rückstoßlader mit unverriegeltem Verschluss und schießt aus offener Verschlussstellung. Die Patronen werden aus einem Wechselmagazin zu 32 Patronen zugeführt.

■ **Historisches**

Die Maschinenpistole Uzi wurde 1954 in die israelische Armee eingeführt. Entwickelt wurde sie von Uziel Gal ab 1949. Die Serienfertigung wurde in den frühen 50er Jahren aufgenommen. Die Maschinenpistole Uzi erwarb sich einen guten Ruf als besonders zuverlässige und robuste Waffe. Sie ist in der westlichen Welt weit verbreitet

■ **Besonderheiten**

In ihrer technischen Gestaltung stellt die Maschinenpistole eigentlich alles andere als eine außergewöhnliche Waffe dar. Uziel Gal nahm bei der technischen Konzeption starke Anleihen bei tschechischen Maschinenpistolen. Systembedingt ist auch die Uzi eine unfallträchtige Waffe, denn auch bei ihr kann bei fertiggeladener Waffe der Verschluss nach einem Stoß nach vorne gehen und eine Patrone zünden.

■ **Bundeswehr**

Die Bundeswehr führte die Waffe um 1960 unter der Bezeichnung MP2 ein. Die Version mit einklappbarer Schulterstütze, als MP2A1 bezeichnet, entstand erst auf Wunsch der Bundeswehr. Ein großer Teil der Waffen der Bundeswehr stammt aus belgischer Lizenzfertigung. Die Waffe ist heute noch im Bestand der Bundeswehr.

Vereinheitlichung

Unterschiedliche Waffenmodelle, womöglich auch noch in unterschiedlichen Kalibern, waren und sind bei den Militärs nie gern gesehen. Zu aufwändig ist die Ersatzteilbevorratung, zu aufwändig die Ausbildung und letztlich ist auch der Nachschub an Munition stets aufwändiger, wenn verschiedene Kaliber transportiert werden müssen. Beim Aufbau der Bundeswehr konnte man bezüglich der Ausstattung mit Waffen zunächst nicht wählerisch sein. Die USA stellten wie dargestellt die Erstausstattung, vom BGS kamen wie gesagt sowohl ehemalige Waffen der Wehrmacht wie auch neu eingekaufte. Mit dem FN-Gewehr kam schließlich die erste speziell für die Bundeswehr beschaffte Handfeuerwaffe in die Waffenkammern, bald folgten die ersten Exemplare der Nachkriegsfertigungen der Pistolen P38 und PPK sowie des Maschinengewehrs MG42. Die Bundeswehr begann spätestens mit dem Zulauf des neuen Gewehrs G3 mit der zügigen Ausmusterung der nicht besonders geschätzten Waffen amerikanischer Bauart. Auch wenn in einigen Einheiten der kleine Karabiner .30M1 und bei der Militärpolizei auch die Pistole P52 bis in die 60er Jahre hinein in Dienst blieben, spätestens ab der Ende der 60er Jahre fanden sich praktisch ausnahmslos die von der Bundeswehr gewünschten Waffenmodelle. Das waren die Pistolen P1 und P21, die Maschinenpistolen MP2 und MP2A1 sowie das Gewehr G3 in diversen Ausführungen, hauptsächlich aber als G3A3 und G3A4. Bei den Maschinengewehren war das MG3 Standard, ältere Modelle, etwa das MG1A3 waren allerdings auch noch vorhanden. Das Gewehr G1 befand sich zu diesem Zeitpunkt auch noch in den Beständen der Bundeswehr, wurde allerdings nur noch für Schießwettkämpfe auf Kammer gehalten. Der größte Teil dieser Waffen war bereits ab Anfang der 60er Jahre verkauft worden, ein Teil wurde auch an den Bundesgrenzschutz und die Bereitschaftspolizei abgegeben.

Vereinheitlicht waren damit auch die Kaliber. Für Pistole und Maschinenpistole galt die Patrone 9 mm x 19 als Standard. Nur bei der verdeckt zu tragenden P21 nutzte man die Patrone 7,65 mm x 17. Gewehre und Maschinengewehre waren für die Patrone 7,62 mm x 51 eingerichtet.

Auf der Suche

Auch wenn mit der vollzogenen Vereinheitlichung von Waffen und Kalibern Ruhe in die Ausrüstungsplanung der Bundeswehr gekommen zu sein schien, so trog der Schein doch ganz erheblich. Weil man mit der von den USA aufgezwungenen Patrone 7,62 mm x 51 nie zufrieden war, gab man auch die Suche nach einer geeigneteren Patrone niemals auf. In den Jahren 1959 bis 1962 etwa lief in der Erprobungsstelle der Bundeswehr in Meppen eine Versuchsreihe mit der in der östlichen Hemisphäre genutzten Patrone 7,62 mm x 39. Diese entsprach eher den deutschen Vorstellungen, weil sich mit ihr das ursprüngliche Sturmgewehr-Konzept verwirklichen ließ. Der Ostblock führte die Waffen der Kalaschnikow-Reihe als Einheitswaffe und etwas Vergleichbares wollte man eigentlich nach wie vor auch bei der Bundeswehr. Da es aus politischen Gründen nicht opportun war, auf eine Patrone des feindlichen Bündnisses umzustellen, experimentierte man in Deutschland mit minimal veränderten Kaliberbezeichnungen und -abmessungen. Es entstanden etwa bei der holländischen Firma NMW de Kruithoorn Patronen mit der Bezeichnung 7,62 mm x 38, in Deutschland solche des Kalibers 7,62 mm x 40. Auch an der amerikanischen Patrone .223 Remington hatte man in Deutschland schon nach ihrem Bekanntwerden im Jahre 1958 starkes Interesse. Alle Entwicklungen führten indes zu nichts, weil es nicht möglich war, sich als einziger NATO-Staat außerhalb der Standardisierung zu bewegen. Erst als die USA während des Vietnam-Krieges das Gewehr AR15 im Kaliber .223 Remington ankauften und später als Gewehr M16 einführten, ergab sich die Chance, von der ungeliebten Patrone 7,62 mm x 51 Abstand zu nehmen. Jedoch schwenkte man bei der Bundeswehr nicht auf die erst Jahre später offiziel zum NATO-Standard erklärte Patrone .223 Remington alias 5,56 mm x 45 ein, sondern dachte viel weiter in die Zukunft. Gewünscht war eine ganz neue Infanteriehandfeuerwaffe für eine ganz neue Munition. Letztere sollte zwei wesentliche Merkmale aufweisen: erstens ein kleinkalibriges Geschoss und zweitens eine hülsenlose Patrone. Davon später mehr.

Veränderungen

Zu Beginn der 80er Jahre beschaffte die Bundeswehr als Ersatz für die Pistole P21 ein neues Waffenmodell, die Pistole P7 im Kaliber 9 mm x 19. Die P7 war ursprünglich eine Entwicklung für die deutsche Polizei, die im Jahre 1975 erstmals mit einem „Pflichtenheft" ihre Vorstellungen bezüglich einer neuen Pistole formulierte. Vorangegangen waren heftige Auseinandersetzungen um die Polizeibewaffnung der Zukunft. Dabei spielten insbesondere zwei Faktoren eine Rolle: die bisher überwiegend genutzte Patrone 7,65 mm Browning, identisch mit der bei der Bundeswehr genutzten Patrone 7,65 mm x 17, wurde als zu schwach angesehen, und viele Waffen in den Beständen der Polizei hatten das Ende ihrer Nutzungsdauer erreicht. Die Bundeswehr, die die P21 überwiegend als Selbstschutzwaffe für Kuriere, Piloten aber auch die Feldjäger nutzte, zog mit und übernahm die P7 in ihre Ausrüstung. Anders als bei der Polizei ersetzte die neue Waffe aber nur sehr langsam das alte Modell. Noch heute hat die Bundeswehr P21 im Bestand.

Die Pistole P7 wird bei den Feldjägern und dem MAD geführt.

Pistole P7

■ Waffenart

Die P7 ist eine Selbstladepistole im Kaliber 9 mm x 19. Sie ist ein Rückstoßlader mit gasgebremstem Verschluss. Sie verfügt über ein Hahnschloss, das über eine Griffleiste vorne am Griffstück gespannt wird. Die Patronen werden aus einem Wechselmagazin für acht Patronen zugeführt.

■ Historisches

Die P7 wurde gemäß den Anforderungen der deutschen Polizeien entwickelt und 1979 bei der Länderpolizei von Bayern und Niedersachsen eingeführt. Darüber hinaus kauften auch diverse Sondereinheiten, etwa die GSG 9, die Waffe an. Die P7 wurde im Laufe der Jahre mehrfach verändert und modernisiert. Sie ist heute noch in der Fertigung.

■ Besonderheiten

Die P7 hat zwei technische Besonderheiten. Zum Einen verzichtet sie auf eine klassische Verriegelung des Verschlusses, statt dessen wird ein kleiner Teil der Pulvergase abgezweigt, um den Verschlussrücklauf vorübergehend zu bremsen. Zum Anderen wird das Schlagbolzenschloss beim Eindrücken der Griffspannleiste vorn am Griffstück gespannt, beim Loslassen auch wieder selbständig entspannt. Gerade dieser Mechanismus führte mehrfach zu ungewollten Schussauslösungen, weil unter Stress beim Eindrücken der Griffspannleiste der Abzug mit betätigt wurde.

■ Bundeswehr

Die P7 wurde für die Bundeswehr ab Anfang der 80er Jahre angeschafft. Sie wird vorrangig zum verdeckten Tragen benutzt. Mit ihr sind Personenschützer, Feldjäger und die Angehörigen des Militärischen Abschirmdienstes (MAD) bewaffnet. Die Bundeswehr hat bisher 1800 Exemplare angekauft.

Träume

Bereits Anfang der 70er Jahre verdichteten sich die Anzeichen, dass der Wunsch der Bundeswehr nach einer neuen Infanteriewaffe in überschaubarer Zeit in Erfüllung gehen könnte. Der Waffenhersteller Heckler & Koch und der Munitionshersteller Dynamit Nobel arbeiteten gemeinsam an einem Projekt für ein neues Gewehr, eingerichtet für hülsenlose Munition. Nach diversen Studien und Funktionsmodellen bekam das Projekt im Jahr 1976 dann den Namen G11. Über die Jahre mussten allerdings viele Probleme beseitigt werden, die mit der hülsenlosen Patrone zusammenhingen. Vor allem die Selbstzündung der Patrone im Patronenlager durch Überhitzung war von Anfang an ein Problem. Aber auch das Abbrandverhalten des gepressten Pulvers, die ballistischen Daten der Munition und die Verbrennungsrückstände ließen jahrelange Entwicklungsarbeit nötig werden. Vielfach wurden die Munition und die Waffe verändert und verbessert. Ab 1988 fanden dann auch Truppenerprobungen bei der Bundeswehr statt. Auch wenn die Waffe insgesamt

Prototyp des revolutionären Konzeptes G11 mit hülsenloser Munition vom Kaliber 4,73 mm.

Noch immer geheimnisumwittert: Die Unterwasserpistole P11.

einen guten Eindruck hinterließ und als funktionstüchtig bezeichnet werden konnte, truppenverwendungsfähig war sie eindeutig nicht. Das G11 wurde deshalb mehrfach nachgebessert, um es speziell den Forderungen der Benutzer anzupassen. Zuletzt modifizierte Heckler & Koch auf eigene Rechnung die Waffe zum Konstruktionsstand K2. Auch wenn die Erteilung der Einführungsgenehmigung etwas anderes suggerieren sollte, das Gewehr G11 war nicht truppenverwendungsfähig, denn an die Einführungsgenehmigung war als Bedingung dieser Einführung eine Vielzahl von Modifikationen geknüpft.

Mit der Wiedervereinigung wurde das Projekt G11 dann zunächst auf Eis gelegt, kurz darauf dann endgültig begraben.

Vereinigt und auf einem neuen Weg

Mit der Wiedervereinigung Deutschlands im Oktober 1990 veränderte sich nicht nur die politische Lage, auch die militärische Bedrohung hatte sich gewandelt. Zu den „Opfern" der Wiedervereinigung gehörten deshalb auch diverse Beschaffungsvorhaben der Bundeswehr, darunter das Gewehr G11. Mit der Wiedervereinigung gelangten gewaltige Mengen an Waffen, Munition und Gerät aus den Beständen der ehemaligen DDR in den Besitz der Bundesrepublik Deutschland. In die Bestände der Bundeswehr wurden von den Waffen der Nationalen Volksarmee aber nur relativ wenig und auch diese nur vorübergehend übernommen: Zum einen die Pistole Makarow im Kaliber 9 mm sowie die in der DDR produzierte Variante des sowjetischen Gewehrs AK74 im Kaliber 5,45 mm x 39. Letzteres wurde in der DDR als Maschinenpistole bezeichnet und hatte gerade die DDR-Version des AK47 (Kalaschnikow) im Kaliber 7,62 mm x 39 abgelöst.

Nachdem das Projekt G11 aufgegeben worden war und auch eine dauerhafte Übernahme der Waffen aus den Beständen der NVA in die Strukturbewaffnung der Bundeswehr nicht in Frage kam, wurde die Frage der Neuausrüstung mit einem Gewehr zusehends dringlicher. Die Bundeswehr schrieb daher im Jahr 1993 die Beschaffung eines neuen Gewehres aus. Beabsichtigt war, anders als es beim G3 und dem G11 der Fall war, die Waffe komplett durch die Herstellerfirma entwickeln zu lassen. Gefordert war unter anderem das Kaliber 5,56 mm x 45, seit 1980 offiziell als NATO-Patrone standardisiert. Weiterhin sollte die Waffe auch ein optisches Visier aufweisen, wie es schon beim G11-Projekt entwickelt worden war. An der Ausschreibung nahmen mehrere Hersteller mit ihren Produkten teil, wobei sich zwei Produkte, das Modell HK50 der Firma Heckler & Koch sowie das Armee Universal Gewehr (AUG) des österreichischen Herstellers Steyr als besonders geeignet erwiesen. Für letzteres wurde im Falle einer Einführung eine Fertigung der Waffe in Deutschland vorgesehen, schließlich entschied sich die Bundeswehr zugunsten der Waffe von Heckler & Koch, die dann die offizielle Bezeichnung G36 erhielt.

Noch Ende der 80er Jahre fiel bei der Bundeswehr die Entscheidung, die Pistole P1 durch eine modernere Waffe abzulösen. Bereits 1987 hatte die Firma Walther, Hersteller der Pistole P1, von sich aus der Bundeswehr eine modernere Waffe mit der Bezeichnng P1A1 angeboten. Diese basierte weitgehend auf der für die Polizei entwickelte Pistole P5. Die Bundeswehr interessierte sich für diese Waffe allerdings nicht, sondern wünschte statt dessen eine Neuentwicklung. An einer entsprechenden Ausschreibung beteiligten sich dann die Firmen Heckler & Koch, SIG-Sauer und Walther. Letztere bewarb sich mit einer Variante der Pistole P88Compact, die für die Bundeswehr einige Detailänderungen erfuhr und von Walther als P88A1 bezeichnet wurde. SIG-Sauer stellte eine Version der Pistole P228 vor, die den Wünschen der Bundeswehr entsprechend mit einer manuellen Sicherung versehen wurde. Heckler & Koch führte sowohl mit einer manuellen Sicherung versehene Pistolen der Modelle P7M8 und P7M13 als auch das neue Modell USP vor. Letzteres wurde mit der offiziellen Bezeichnung P8 dann schließlich von der Bundeswehr eingeführt. ◼

3

Gewehr G36

Die neue „Braut des Soldaten"
Das Gewehr G36

**Wohl kein Wechsel in der Bewaffnung einer Armee ist so einschneidend wie die Einführung eines neuen Gewehres.
Im G36 von Heckler & Koch fand die Bundeswehr eine den neuen, veränderten Aufgaben der Truppe angemessene Waffe.**

Seit 1959 versah das Gewehr G3 von Heckler & Koch bei der Bundeswehr seinen Dienst. Generationen von Wehrpflichtigen und länger Dienenden war es die „Braut des Soldaten". Doch das G3 war etwas in die Jahre gekommen. Allerdings lag dies nicht an der Waffe selbst, sondern an den sich ändernden Rahmenbedingungen. Einerseits hat der Zerfall des Ostblockes und damit des Warschauer Paktes die Bedrohungslage in Europa komplett verändert: In Zukunft ist nicht mehr von großen internationalen Konflikten auszugehen, sondern die Bundeswehr muss sich als Mitglied der Nato und auch im UN-Auftrag mit einer vollkommen veränderten Einsatzlage auseinandersetzen z. B. in lokalen Konflikten, in denen sich ein Bundeswehrkontingent im Rahmen friedenschaffender oder friedenserhaltender Missionen bewähren muss. Andererseits hat auch die technische Entwicklung der Handwaffen in den letzten Jahren rasante Fortschritte gemacht. Kunststoffe, beim G3 allenfalls für Handschutz, Griff und Schulterstütze verwendet, übertreffen heute teilweise sogar die Eigenschaften hochwertiger Stähle. Dadurch kann man heute Waffen konstruieren, die in Punkto Gewicht, Lebensdauer und Robustheit den Waffen herkömmlicher Bauart weit überlegen sind. Ein weiteres Argument für die Einführung einer neuen Waffe war die Munition: Während früher das Kaliber 7,62 mm x 51 (.308 Winchester) unter den Streitkräften der NATO überwog, rüsteten im Laufe der Zeit immer mehr Armeen auf Waffen im Kaliber 5,56 mm x 45 (.223 Remington) um. Bei fehlender oder unzureichender eigener Versorgung könnte die Bundeswehr somit auch auf die standardisierte Munition der Verbündeten zurückgreifen.

Erprobung und Einführung

Aus diesen Überlegungen heraus formulierte das Heer im Jahre 1992 eine erste Forderung nach der Beschaffung eines Nachfolgers für das Gewehr G3. Allerdings kam aufgrund der durch die Wiedervereinigung und den Wegfall der direkten Bedrohung stark reduzierten Finanzmittel der Bundeswehr keine Neuentwicklung eines Gewehres in Frage. Aufgrund der Taktisch-technischen Forderung vom 1. 9. 1993 sollte daher als das neu zu beschaffende Gewehr eine bereits auf dem Markt befindliche Waffe angekauft werden. Als Grundlage dienten die Forderungen der drei Teilstreitkräfte Heer, Marine und Luftwaffe, die diese an ein neues Gewehr stellten. Eine Arbeitsgruppe, ebenfalls mit Experten der drei Teilstreitkräfte besetzt und um Fachleute aus dem Bundesamt für Wehrtechnik und Beschaffung erweitert, sichtete die weltweit auf dem Markt befindlichen, in Frage kommenden Waffen. Aus dem relativ großen Angebot erfüllten zunächst 10 Waffen die Forderungen der Bundeswehr. Nach eingehenden Voruntersuchungen durch die Arbeitsgruppe wurden zwei Kandidaten, das Steyr AUG sowie das Heckler & Koch HK 50, für die zweite und entscheidende Testrunde ausgewählt. Dabei galt es für die Waffen sowohl die Technische Erprobung an der Wehrtechnischen Dienststelle 91 (WTD 91) in Meppen zu überstehen, wie auch den Truppenversuch an verschiedenen Schulen des Heeres.

In Meppen testete man die Waffen primär unter härtesten Laborbedingungen. Dabei wurden die Kandidaten mit Wasser, Sand, Schlamm malträtiert, mussten sowohl arktische Minusgrade wie auch Temperaturen jenseits der + 50 Grad über sich ergehen lassen und dabei immer noch einwandfrei funktionieren. Diverse Dauerbeschuss-, Haltbarkeitstests und sonstige Versuche rundeten das Bild ab.

An den Schulen des Heeres untersuchte man die Waffen hingegen auf ihre Tauglichkeit im normalen Dienst wie auch im Einsatz.

Truppenversuch in Hammelburg: Soldat eines Jagdkommandos

Die Fragen lauteten: Wie kommt der Soldat mit der einen oder der anderen Waffe zu recht, wie lassen sich die Waffen unter Einsatzbedingungen zerlegen oder reinigen, und noch viel weitere Punkte galt es zu bedenken und zu überprüfen.

Die in den beiden Teilerprobungen gewonnenen Ergebnisse wurden zusammengefasst, um das schließlich für die Erfordernisse der Bundeswehr geeignete Gewehr zu ermitteln. Aus der Auswertung der diversen Untersuchungen und Erprobungen ging das Gewehr HK 50 von Heckler & Koch aus Oberndorf am Neckar als das am besten für die Bundeswehr geeignete Gewehr hervor. Am 8. Mai 95 wurde dann die sogenannte Einführungsgenehmigung durch die zuständigen Stellen des Rüstungsbereichs unterzeichnet. Damit wurde das HK 50 von Heckler & Koch mit der Bezeichnung G36 zum Nachfolger des G3 und zur neuen „Braut" unserer Soldaten.

Am 3. 12. 97 endlich erfolgte an der Infanterieschule in Hammelburg die offizielle Übergabe des Gewehres G36 an die drei Teilstreitkräfte. Bei echtem „Jägerwetter" übergab der General der Infanterie und Kommandeur der Infanterieschule, Brigadegeneral Wulf Wedde, jeweils eine Pistole P8 sowie je ein Gewehr G36 stellvertretend an einen Soldaten der drei Teilstreitkräfte. Von diesem Zeitpunkt an war das neue Sturmgewehr bei der Truppe eingeführt, wenn auch bereits längere Zeit zuvor ein nicht unerhebliches Kontingent von Waffen an diverse Einheiten ausgegeben worden war. Bei diesen Einheiten handelte es sich jedoch um Verbände, die im Rahmen internationaler Einsätze sinnvollerweise bereits mit den neuen Waffen ausgerüstet wurden.

Das Gewehr G36

Das G36 ist ein Gasdrucklader im Kaliber 5.56 mm x 45 mit klappbarer Schulterstütze und zwei optischen Visierungen. Abgesehen von Verschluss und Rohr sind alle wesentlichen Teile wie Gehäuse, Griffstück, Handschutz, Tragegriff und Schulterstütze sowie das Magazin aus hochwertigem Kompositkunststoff gefertigt. Dies macht sich vor allem im niedrigen Gesamtgewicht der Waffe bemerkbar. Darüber hinaus bietet der Kunststoff auch bei extremen Temperaturen gegenüber Metall deutliche Vorteile. Sowohl bei tiefen Minustemperaturen wie auch im Bereich jenseits der + 50 Grad kann die Waffe mit bloßen Händen angefasst werden, ohne das die Finger festfrieren oder man sich diese verbrennt. Da die Oberfläche der Waffe des weiteren leicht angeraut ist, ist die Waffe ausgesprochen griffig, was vor allem im Feldeinsatz bei schmutzigen oder nassen Händen von Vorteil ist. Auch die Korrosionsbeständigkeit des Materials ist vorteilhaft. Nicht nur, dass die Waffe kein „Soldatengold" also keinen Rost mehr ansetzen kann und somit Rekruten vor dem gefürchteten „Anschiss" rettet, die Waffe hat auch eine deutlich erhöhte Lebensdauer gegenüber einer Metallwaffe.

Mit dem G36 wurde für die Bundeswehr erstmals ein Gewehr mit optischer Visierung beschafft. Alle bisherigen Pistolen, Maschinenpistolen, Sturmgewehre und MG's verfügten primär über eine offene Kimme/Korn-Visierung. Das G36 hingegen weist im hinteren Ende des Tragesgriffes eine integrierte Zieloptik mit dreifacher Vergrößerung auf sowie darüber ein sogenanntes Kollimator-Visier, ein wahlweise aktives oder passives Leuchtpunktvisier.

Das Gewehr G36 besteht im Einzelnen aus folgenden Baugruppen:	
• Gehäuse mit Rohr und Anbauteilen	(1)
• Verschluss	(2)
• Griffstück	(3)
• Bodenstück mit Schließfeder	(4)
• Schulterstütze	(5)
• Handschutz	(6)
• Visiereinrichtungen	(7)
• Magazin	(8)
sowie diversem Zubehör	(9).

Gehäuse mit Rohr und Anbauteilen

Das Gehäuse ist das Herzstück des G36. Es beinhaltet das Rohr und alle anderen Baugruppen, die an oder im Gehäuse befestigt werden. Es besteht aus hochfestem Kompositkunststoff, der durch mehrere Stahleinlagen verstärkt wurde. Diese dienen als Führungsbahnen für den Verschluss sowie als Lager- bzw. Anschlagsflächen für Bodenstück, Magazin und Griffstück.

Die Baugruppen des G36.

Das Rohr ist von vorne in das Gehäuse eingesetzt und wird mit einer Überwurfmutter gesichert. Als Gegenlager dient eine passgenaue kurze Aufnahme, welche während des Spritzgussverfahrens in das Gehäuse fest integriert wird. In die auf seiner vorderen Seite mit einem Außengewinde versehene Aufnahme wird das Rohr eingeführt und mit einem Drehmomentschlüssel festgezogen. Am hinteren Ende weist die Aufnahme das Gegenlager für die Verriegelungswarzen des Verschlusses auf. Das Rohr selbst ist 480 mm lang und weist 6 rechtsdrehende Züge mit einer Dralllänge von 178 mm (7") auf. Das Rohr ist von innen hartverchromt. Auf ein Gewinde am vorderen Ende des Rohres kann wahlweise der Mündungsfeuerdämpfer für die Verwendung mit Einsatzmunition oder bei der Verwendung von Manöverpatronen das Manöverpatronengerät aufgesetzt werden. Neunzig Millimeter hinter der Mündung sitzt die am Rohr verstiftete Bajonettaufnahme. Der Durchmesser des Mündungsfeuerdämpfers ist so bemessen, und die Bajonettaufnahme ist so gestaltet, dass das Bajonett des Kalaschnikow-Sturmgewehres AK 74 auf dem G36 montiert werden kann. Bedenkt man, dass ein Bajonett in den heutigen Militäreinsätzen zwar kaum gebraucht wird, aber die Bundesrepublik aus den Arsenalen der ehemaligen NVA eine immense Stückzahl an AK 74 Bajonetten übernommen hat, so kann man diese Ost-West-Synthese vor allem aus Kostengründen dennoch begrüßen.

185 Millimeter hinter der Mündung sitzt dann die ebenfalls tangential verstiftete Gasentnahme auf dem Rohr (Siehe Verschluss).

Auf der rechten Seite weist das Gehäuse die 80 x 12 mm große Auswurföffnung auf. Diese ist einerseits groß genug, um sowohl abgeschossene Hülsen im Rahmen des automatischen Repetiervorgangs nach außen zu befördern wie auch beim manuellen Repetieren eine nicht abgeschossene Patrone auszuwerfen und andererseits klein genug, um bei „niedrigster Gangart" im Gelände keine zu große Öffnung für das Eindringen von Schmutz zu bieten.

Am hinteren Ende des Auswurffensters steht ein integrierter Hülsenabweiser 14 mm über

Das G36 ist sowohl für Rechts- als auch Linkshänder geeignet. Das heißt: Der Spannhebel kann von beiden Seiten bedient werden, die Sicherungseinrichtung ist beidseitig vorhanden.

die Seitenfläche des Gehäuses heraus. Dieser stellt sicher, dass die herausfliegenden, abgeschossenen Hülsen zuverlässig in einem Winkel von 90 bis 100 Grad nach rechts ausgeworfen werden. Damit ist garantiert, dass sowohl Rechts- wie Linkshänder die Waffe problemlos schießen können und es in keiner Anschlagsart zur Problemen durch die herausfliegenden Hülsen kommen kann. Gleichzeitig dient der Hülsenabweiser als Rastnase für die angeklappte Schulterstütze.

Der Magazinschacht ist als Anbauteil am Gehäuse befestigt. Er wird auf zwei seitlich aus dem Gehäuse herausstehende Stifte geschoben und über einen Steckbolzen oberhalb des Magazinhaltehebels fixiert. Er dient als Führung des Magazins und verhindert das Eindringen von Schmutz in den Bereich des Verschlusses.

Das zweite Anbauteil ist der fest mit dem Gehäuse verschraubte Tragebügel. Am vorderen Ende des Gehäuses ist dieser mit einer Schraube, am hinteren mit zwei Schrauben über spezielle Profilschienen formschlüssig mit dem Gehäuse verbunden. Der Tragebügel dient neben seiner Primärfunktion auch als Aufnahme für die beiden optischen Visiere sowie als Befestigung für den optionalen Nachtsichtaufsatz (siehe Visiereinrichtungen).

Der Verschluss

Beim G36 handelt es sich um eine aus der geschlossenen Verschlussstellung schießenden Waffe, ein sogenanntes aufschießendes System. Die Vorteile dieses Systems liegen neben der höheren Präzision und Sicherheit vor allem in der geringeren Anfälligkeit gegen Verschmutzung. Der Verschluss selbst ist ein Drehkopfverschluss mit 6 Warzen, die in die korrespondierenden Aussparungen des im Gehäuse integrierten Gegenlagers hinein verriegeln. Da es sich beim G36 um einen Gasdrucklader handelt, verriegelt das System starr. Durch die bei der Verbrennung des Pulvers entstehenden Gase wird das Geschoss durch das Rohr getrieben. Hat das Geschoss die Gasentnahme passiert, strömt ein kleiner Teil der gespannten Gase durch diese Öffnung auf den Gaskolben. Da die Gasentnahme im vorderen Drittel des Rohres liegt, hat der Gasdruck seinen Spitzenwert zu diesem Zeitpunkt bereits überschritten und sinkt wieder ab. Wenn nun entriegelt wird, ist die Belastung der Hülse durch den geringeren Gasdruck deutlich niedriger als bei Rückstoßladern. Die auf den Gaskolben abgeleiteten Gase treiben diesen nach hinten aus seiner Kammer heraus. Bereits nach 6 mm Kolbenweg kann das expandierende Gas den Kolben passieren und abströmen. So wird sichergestellt, dass das G36 unabhängig von der verwendeten Munitionssorte sicher und einwandfrei funktioniert. Eine verstellbare Düse, um die Funktion der Waffe an die jeweilige Gasmenge der Patrone anzupassen, kann so entfallen. Bei diversen Waffen ist eine verstellbare Düse nämlich notwendig, um mit Manöverpatronen, anderen Munitionssorten oder bei extremen Temperaturen eine einwandfreie Funktion der Waffe zu gewährleisten. Die Tatsache, dass das G36 ohne eine solche Düse auskommt, zeugt von dem hohen Entwicklungsstand der Waffe und bringt dem Soldaten Sicherheit bezüglich der Funktion seiner Waffe unter allen Bedingungen.

Der durch die Gase nach hinten beschleunigte Kolben gibt den Impuls an die Antriebsstange weiter, die wiederum den Verschluss anstößt. Durch den rückwärts laufenden Verschluss wird der Verschlusskopf mittels der Steuerkurve gedreht und so die Waffe entriegelt. Der Verschluss kann nun ganz nach hinten laufen und die leere Hülse auswerfen, um beim nach Vornefahren die neue Patrone aus dem Magazin in das Patronenlager einzuführen. Durch die Steuerkurve wird nun der Verschlusskopf – nachdem er durch die Gegenwarzen der im Gehäuse eingesetzten Rohraufnahme gefahren ist – gedreht und verriegelt.

parallel zum Rohr. Der federgelagerte Hebel kann aus dieser Position sowohl nach rechts wie nach links zum Durchladen der Waffe ausgeschwenkt werden. Lässt man den Hebel nach dem Durchladen los, schwenkt er automatisch wieder in seine Ausgangsposition zurück. Darüber hinaus kann der Hebel auch im ausgeschwenkten Zustand arretiert werden. Wenn es darum geht, unter Geräuschtarnung die Waffe möglichst leise durchzuladen, kann man den Verschluss mit dem Ladehebel langsam nach vorne gleiten lassen und dann den Hebel für die letzten Zentimeter als Schließhilfe verwenden.

Eine innovative Detaillösung stellt der am Verschluss befindliche Ladehebel dar. Da zur Zeit etwa 10 % der Bevölkerung Linkshänder sind, ist eine für Rechts- wie Linkshänder gleich gut zu bedienende Waffe von Vorteil. Der auf der Oberseite des Verschluss sitzende und somit aus der Oberseite des Gehäuses rausragende Ladehebel liegt im Normalfall

Das Griffstück

Das Griffstück beinhaltet die Abzugseinrichtung sowie die Sicherung und den Verschlussfanghebel. Es ist mit zwei Steckbolzen an der Unterseite des Gehäuses befestigt. Der Sicherungshebel weist die bekannten drei Stellungen auf. In seiner oberen Position (S) ist die Waffe

Auch beim Einstz deutscher Truppen auf dem Balkan (hier ein Soldat der KFOR) hat sich das G36 bewährt.

gesichert, in der mittleren (E) schießt die Waffe Einzelfeuer, in der unteren Position (F) Dauerfeuer. Das Griffstück weist auf beiden Seiten einen Sicherungsflügel auf, um beidseitige Bedienbarkeit zu garantieren. Der Hebel ist so platziert und dimensioniert, dass er im Anschlag mit dem Daumen der Schusshand bedient werden kann. In den Stellungen „E" und „F" liegt das Ende des Hebels jeweils leicht am Abzugsfinger an, so dass der Schütze hier ohne eine zusätzliche optische Kontrolle den gewählten Feuermodus erkennen kann. Darüber hinaus ist eine Kontrolle der gewählten Stellung des Hebels auch mit dem Daumen möglich.

Im Gegensatz zum G3 rastet die Sicherung des G36 intern. Das G3 wies auf seiner linken Seite kleine Sicken auf, in denen der Feuerwahlhebel in der jeweiligen Stellung arretierte. Allerdings konnte sich hier bzw. unter der Kugel im Sicherungshebel im Gelände Schmutz sammeln, so dass das G36 hier im Detail die Weiterentwicklung des Abzugsystems zeigt. Auch das Innenleben des Abzugsystems ist deutlich einfacher gehalten als noch beim G3. Die nach innen offene Konstruktion kann leicht gereinigt und gewartet werden. Dabei kann man auch die Funktion des Verschlussfangs einstellen. Je nach Präferenz des Nutzers fängt der Verschlussfang den Verschluss automatisch nach dem letzen Schuss in seiner hinteren Position oder der Verschluss gleitet wieder nach vorne. Ist der Verschlussfang aktiviert kann der Schütze diesen auch manuell betätigen. Vorne innerhalb des Abzugsbügels ist eine kleiner Schieber platziert, der – wenn er manuell nach oben gedrückt wird – den Verschluss in seiner hinteren Position hält. Beim Entladen der Waffe hat sich dieser Hebel zur Sicherheitskontrolle bewährt.

Der Eingriff im Abzugsbügel ist großzügig dimensioniert, so dass der Soldat auch mit dicken Winterhandschuhen oder im Falle der Kampfschwimmer auch mit Neopren-Tauchhandschuhen den Abzug bedienen kann.

Bodenstück mit Schließfeder

Als Abschluss des Gehäuses nach hinten dient das Bodenstück. Dies ist beim G36 im Gegensatz zum G3 ein von der Schulterstütze getrenntes Teil. Primär liegt dies an der umklappbaren Schulterstütze, die nicht mehr als Bodenstück fungieren kann, da sonst bei umgeklappter Schulterstütze die Waffe nicht mehr einsatzbereit wäre. Aufgrund der zweigeteilten Konstruktion aber ist das G36 auch bei umgeklappter Schulterstütze noch schiessbar.

Um das Bodenstück auszubauen, muss zunächst der hintere Steckbolzen, der auch das Griffstück sichert, ausgebaut werden. Danach muss die Schulterstütze umgeklappt werden. Nun kann man das Bodenstück an der integrierten Griffnase ein wenig nach unten drücken und aus dem Gehäuse entnehmen. Die Bewegung nach unten ist notwendig, um einen aus der Oberseite des Bodenstückes herausragenden Bolzen aus der entsprechenden Öffnung im Gehäuse zu heben. Die auf einem

Führungsrohr gelagerte Schließfeder ist fest mit dem Bodenstück verbunden. Auf seiner Innenseite weist das Bodenstück einen 12 mm im Durchmesser messenden und 14 mm hohen Elastomerpuffer auf, der den Verschluss im Rücklauf „sanft" abbremst und so eine hartes Aufschlagen auf das Bodenstück verhindert.

Die Schulterstütze

Die an die rechte Waffenseite umklappbare Schulterstütze ist mittels eines Scharniers fest am rechten hinteren Ende des Gehäuses befestigt. Auf der linken hinteren Seite des Gehäuses ragt eine Verriegelungsöffnung über das Ende des Gehäuses heraus. In dieser verriegelt die auf der linken Seite der Schulterstütze angebrachte Verriegelungskralle. Klappt man die Schulterstütze aus, so arretiert die Verriegelung diese automatisch in ihrer Position. Um die Schulterstütze heranzuklappen, muss der Schütze nur einen Knopf eindrücken, der Teil der Verriegelungskralle ist, um letztere zu lösen. Wird die Schulterstütze herangeklappt, so arretiert die Schulterstütze auf dem Hülsenabweiser, der dafür auf seiner Oberseite eine kleine Nase aufweist, die mit einer Nut in der Schulterstütze korrespondiert. Die Waffe ist mit angeklappter Schulterstütze 24 cm kürzer, aber dennoch voll einsatzfähig. Die abgeschossenen Hülsen werden durch die Schulterstütze hindurch einwandfrei ausgeworfen. Lediglich Linkshänder müssen die Sicherung auf der linken Waffenseite benutzen, da die rechte Sicherung durch die Schulterstütze verdeckt ist.

Das hintere Ende der Schulterstütze ist als Schulteranlage mit einer 14,8 cm x 3,2 cm breiten ergonomisch geformten Gummikappe versehen, um einen möglichst optimalen und rutschfesten Sitz in der Schulter zu garantieren. Ähnlich wie beim G3 können beim Zerlegen der Waffe die drei Steckbolzen des G36 in speziellen Löchern in der Schulterstütze „zwischengelagert" werden. Warum aber vier Löcher vorhanden sind, obwohl das G36 nur drei Steckbolzen hat, wird wohl auf ewig das Geheimnis der Entwicklungsingenieure von Heckler & Koch bleiben.

Auf Grund der zweigeteilten Konstruktion ist das G36 auch bei abgeklappter Schulterstütze schießbar.

Der Handschutz

Der 33 cm lange Handschutz umschließt das Rohr und die Gasentnahme vor dem Gehäuse bis kurz vor der Bajonetthalterung. Am Handschutz liegt die zweite Hand des Schützen im normalen Anschlag, wird liegend geschossen, kann der Schütze die Waffe mit dem Handschutz auf Sandsäcke oder ähnliches ablegen. Da der Handschutz keinerlei Verbindung mit dem Rohr hat, letzteres also frei schwingen kann, werden negative Einflüsse auf die Präzision verhindert. Darüber hinaus schützt der Handschutz die Hand des Schützen vor dem heißgeschossenen Rohr. Um die entstehende Wärme möglichst gut abzuleiten, weist der Handschutz auf seiner Unterseite sieben Öffnungen von 1 x 2 cm auf. Die Seitenwände weisen ebenfalls sechs Öffnungen von 0,6 x 2 cm Größe auf. Auf der Unterseite besitzt der Handschutz an seinem vorderen Ende schließlich noch einen Befestigungspunkt für den Tragegurt. Diese Öse ist das vordere Ende eines Bolzens, der gleichzeitig die genormte Aufnahme für ein optionales Zweibein ist.

Die Visiereinrichtungen

Beim G36 wurde durch die Kombination eines Zielfernrohres und eines Leuchtpunktvisiers eine neuartige, so bisher noch nicht verwirklichte Visierung realisiert. Der duale Aufbau ist nicht nur ungewöhnlich, er ist auch sehr innovativ. Der Gedanke, anstelle einer offenen Visierung die Sturmgewehre mit einer einfachen optischen Visierung auszurüsten, hat sich in den letzten Jahren immer mehr durchgesetzt. Im direkten Vergleich zeigte sich nämlich, das die Trefferleistung von optischen Visieren, vor allem unter Stress, der offener System deutlich überlegen ist. Die Zielaufnahme gelingt mit einem optischen Visier ebenfalls schneller als bei jeder Form der klassischen Kimme/Korn-Visierung.

Blick von hinten auf Zielkollimator und Zielfernrohr. Die Kollimatorabdeckung ist geöffnet, um den Leuchtpunkt mit Taglicht zu erzeugen. Rechts ist der Ein-/Ausschalter zu erkennen, links das verschraubte Batteriefach.

Das G36 ist mit zwei optischen Visierungen der Firma Hensoldt aus Wetzlar ausgerüstet. Bei der oberen handelt es sich um ein Leuchtpunktvisier, dass fachlich korrekt als Kollimatorvisier bezeichnet wird. Die untere Visiereinrichtung ist ein kleines Zielfernrohr mit 3-facher Vergrößerung.

Das Kollimatorvisier

Leuchtpunktvisiere sind seit Jahren bekannt. Von Sportschützen werden diese Geräte vor allem in den dynamischen Disziplinen gerne eingesetzt, da sie eine schnelle Zielaufnahme garantieren, was im sportlichen Wettstreit gegen die Uhr oft über Sieg oder Niederlage entscheidet. Auch Jäger wissen die Vorteile dieser Geräte zu schätzen. Nach einigem Zögern übernahm dann das Militär wie auch die Polizei diese Geräte. So rüstete die US-Armee 20 000 Waffen ihrer Eliteeinheiten mit einem Leuchtpunktvisier der Marke Aimpoint aus. Neben diversen Härtetests, die die Geräte zu überstehen hatten, war vor allem die deutlich einfachere und schnellere Zielaufnahme, vor allem unter Stress und bei mangelnden Lichtbedingungen, sehr überzeugend. Daher stellen in letzter Zeit vermehrt polizeiliche Sondereinheiten auf Leuchtpunktvisiere um. Die Bundeswehr in diesem Falle macht einen mutigen Schritt und rüstet als erste Armee überhaupt alle ihre Sturmgewehre mit einem Leuchtpunktvisier aus. Bei diesem handelt es sich nicht um ein gewöhnliches aktives oder passives Leuchtpunktvisier, sondern um eine Kombination aus beiden, was erneut einen Techniksprung darstellt. Firma Hensoldt, deren Zielfernrohre bei Scharfschützen hoch im Kurs stehen, ist es gelungen, auf kleinstem Raum eine innovative und felddiensttaugliche Optik zu entwickeln.

Das Kollimatorvisier ist konventionell aufgebaut. Da es im Maßstab 1:1 abbildet, reicht eine einfache Linsenkonstruktion aus. Allerdings ist in der Optik kein Zielstachel oder Fadenkreuz physisch vorhanden, sondern ein roter Punkt wird über eine Kollimatorlinse nach Unendlich abgebildet. Dies kann entweder passiv durch das vorhandene Umgebungslicht geschehen oder aktiv durch eine zuschaltbare Leuchtdiode.

Besonders bei hoch-dynamischen Einsätzen (hier eines Jagdkommandos der Fallschirmjäger gegen verdeckt operierenden Gegner) erweist die neue Viesierung ihren Wert.

Das Kollimatorvisier verfügt auf seiner Oberseite über einen Schieber. Bei ausreichendem Umgebungslicht öffnet der Schütze den Schieber, wodurch ein an die Umgebungshelligkeit angepasster Leuchtpunkt über die Kollimatorlinse eingespiegelt wird, der dem Schützen als Visiermarke dient. Die Lichtsammelplatte, die aus einem, mit fluoreszierenden Farbpigmenten dotierten Kunststoff besteht, wandelt das auftreffende Umgebungslicht und dient so als homogen strahlende Fläche hinter einer Lochblende. Der austretende Lichtpunkt, der eine Wellenlänge von ca. 650 nm hat, wird über den Kantenfilter der Kollimatorlinse in das Auge des Schützen reflektiert. Der Kantenfilter ist eine Spiegelfläche, die auf den Farbbereich des Leuchtpunktes abgestimmt ist und diesen voll reflektiert, während die übrigen Anteile des sichtbaren Lichtes durchgelassen werden. Der Kantenfilter ist auf die Sphäre der Kollimatorlinse aufgedampft. Als Linsenmaterial wurde ein blaues Farbglas gewählt, um den verräterischen Rotreflex des Kantenfilters zum Ziel hin zu reduzieren.

Technisch gesehen wäre es auch leicht möglich, über den Kantenfilter einen grünen oder blauen Punkt zu erzeugen. Da ein roter Punkt jedoch vom Auge sehr schnell aufgenommen wird und sich auch sehr gut vom Hintergrund abhebt, entschied man sich für diese Punktfarbe. Reichen die Umgebungslichtverhältnisse zum Beispiel in der Dämmerung nicht mehr aus, kann der Soldat eine Leuchtdiode einschalten, die von einer eingebauten Batterie gespeist wird. Diese erzeugt dann anstelle des Lichtsammlers den roten Zielpunkt. Wird die Diode genutzt, kann der Soldat den Lichtsammler mit dem Schieber verschließen, damit das Licht der Leuchtdiode nicht nach außen dringen und den Schützen verraten kann.

Wird die Leuchtdiode über die Batterie gespeist, regelt ein integrierter Sensor deren Helligkeit entsprechend dem Umgebungslicht. Falls in Einzelfällen, wie einem Schuss aus einem dunklen Raum ins Helle, der Kontrast aufgrund ungünstiger Umgebungsbedingungen nicht ausreicht, kann der Soldat durch

Blick von vorn auf Zielfernrohr (unten) und Zielkollimator (oben). Der Tragegriff weist für das Zielfernrohr vorne eine Durchblicköffnung auf.

Eindrücken des Ein-/Aus-Drehschalters die Leistung der Leuchtdiode kurzfristig – für circa 30 Sekunden – erhöhen. Über ein elektronisches Zeitglied wird die Leistung danach wieder auf die normale Helligkeit zurückgeregelt.

Im Dauerbetrieb reicht die Batterie bei normaler Leistung für 60 Stunden. Im Einsatz dürfte diese Nutzungszeit jedoch deutlich höher liegen, da die Leuchtdiode ja nur bei Bedarf zugeschaltet wird.

Wichtig ist, dass unabhängig davon, ob das System nur über den Lichtsammler oder die Batterie betrieben wird, kein Licht nach Außen dringt wie zum Beispiel bei einem Laser. Während dieser in Nachtsichtgeräten oder Infrarotkameras des Gegners deutlich erkennbar ist, verrät das Kollimatorvisier seinen Nutzer in keiner Weise. Da das Kollimatorvisier im Maßstab 1 : 1 abbildet, kann der Schütze auch das nichtzielende Auge offen lassen. Dies ermöglicht eine bessere Beobachtung des Gefechtsfeldes und so eine schnellere Reaktion auf auftauchenden Feind. Auf Distanzen bis rund 200 Meter soll das Kollimatorvisier bei normalen und schnellen Schüssen verwendet werden. Nur wenn die Distanz zum Ziel größer als 200 Meter ist oder das Ziel einen sehr präzisen Schuss erfordert, sollte der Schütze das darunter liegende Zielfernrohr verwenden.

Das Zielfernrohr

Das unterhalb des Kollimatorvisiers sitzende Zielfernrohr mit dreifacher Vergrößerung ist für den Präzisionsschuss auf größere Entfernungen vorgesehen. Bedingt durch den kleinen Öffnungsdurchmesser von 9 mm und dem damit verbundenen Pupillendurchmesser von 3 mm bei 3facher Vergrößerung konnte mit wenigen Linsenelementen eine qualitativ hochwertige Optik gefertigt werden.

Das G36 mit aufgesetzten Nachtsichtaufsatz. Die Bildumleitung, die das verstärkte Bild des NSA vor dem Objektiv des Zielfernrohres spiegelt, ist hier gut zu erkennen.

Eingeklinktes Bild: Das Visierbild des Zielfernrohres des G36.

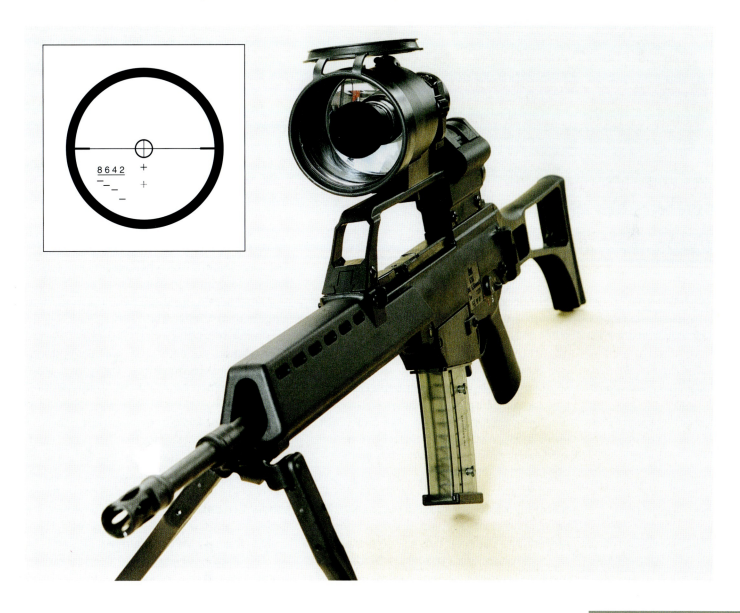

Bei Verwendung des Nachtsichtaufsatzes kann nicht mehr über das obere Kollimatorvisier gezielt werden. Der Soldat verwendet jedoch wie gewohnt das integrierte Zielfernrohr.

So bringt das Zielfernrohr dank seines Polyamidgehäuses sowie der Linsen, die in klassischer Bauweise aus optischem Glas bestehen, nur 30 Gramm auf die Waage. Interessant ist das Strichbild, welches weit über ein herkömmliches Fadenkreuz hinausgeht. Das Fadenkreuz in der Mitte des zentralen Zielkreises ist die Zielmarke für 200 Meter. Auf diese Entfernung ist die Waffe auch eingeschossen. Sollte auf kürzere Distanzen geschossen werden, so wird auch die 200 Meter – Visiermarke verwendet; dank der flachen Flugbahn des Geschosses liegt der Treffer dann nur wenige Zentimeter über dem Zielpunkt. In der militärischen Anwendung bedeutet dies keinen Nachteil.

Der Kreis um das Fadenkreuz herum erfüllt mehrere Aufgaben: Sein Innendurchmesser entspricht einer Mannhöhe von 1,75 Meter auf 400 Meter. Der Punkt, an dem der Kreis rechts und links die Querlinie des Fadenkreuzes schneidet, dient jeweils als Vorhaltemarke auf sich bewegende Ziele. Abgestimmt sind diese Marken auf ein sich mit 15 km/h bewegendes Ziel auf eine Entfernung von 200 Meter. Dies entspricht einem gegnerischen Soldaten, der sich im schnellen Laufschritt bewegt. Die untere Kreuzung des Zielkreises mit dem Fadenkreuz stellt die Visiermarke für 400 Meter dar. Darunter befinden sich noch zwei weitere kleine Fadenkreuze, die für eine Schussdistanz von 600 und 800 Meter Verwendung finden.

Im linken unteren Viertel der Strichplatte sind vier Schätzmarken abgebildet, mit denen der Soldat anhand eines aufrecht stehenden Gegners von 1,75 Meter Größe die Entfernung zum Ziel schätzen kann, um danach die richtige Visiermarke zu wählen. In der Praxis hat sich das Zielfernrohr, welches auf 1000 Meter ein Sehfeld von 70 Meter aufweist, gut bewährt. Es ist einfach und robust aufgebaut und wie die Erfahrung zeigt, liegt die Trefferwahrscheinlichkeit auf größere Distanzen deutlich über der des G3 mit seiner offenen Visierung.

Der Nachtsichtaufsatz

Mit dem Nachtsichtaufsatz (NSA 80) ist Hensoldt vielleicht sogar noch mehr als beim Kollimatorvisier eine zukunftsweisende, innovative Lösung gelungen. Bisher war es so, dass Nachtzielgeräte nur an Scharfschützen ausgegeben wurden und damit der größte Teil der Infanteristen bei Nacht nur unzureichend kampffähig war.

Dank der Integration des NSA und dem eingebauten Zielfernrohr des G36 ist es in Sekunden möglich, jedes G36 ohne weitere Maßnahmen zu einer voll nachtkampftauglichen Waffe umzurüsten. Dazu muss der Schütze nur den NSA auf den Tragegriff aufsetzen und mit dem integrierten Kniespannhebel fixieren. Richtungsweisend ist dabei die Integration von Nachtsichtaufsatz und Zielfernrohr zu einer funktionellen Einheit. Der Soldat blickt nicht wie bei den üblichen Nachtzielgeräten in das Okular des Gerätes, sondern er nutzt beim G36 wie gewohnt die Optik des vorhandenen Zielfernrohres.

Durch eine 2 x 90° Bildumlenkung im NSA wird ein Parallelversatz des Strahlenganges erreicht, dessen Betrag auf die Montagehöhe zur optischen Achse der Zieloptik abgestimmt ist. Neben dem Vorteil, dass der Schütze wie gewohnt zielen kann und sich nicht wie bei anderen aufgesetzten und entsprechend hoch bauenden Nachtzielgeräten anstrengen muss, um das Okular zu erreichen, erspart die Kombination des NSA mit dem Zielfernrohr auch eine Menge Gewicht. Das NSA 80 wiegt inklusive Batterien nur 1,2 kg.

Technisch gesehen handelt es sich beim NSA 80 um ein Nachtsichtgerät, das nach dem Prinzip der Restlichtverstärkung arbeitet. Das durch das 85 mm Durchmesser messende Spiegelobjektiv fallende Licht wird in eine Bildverstärkerröhre der Generation 2-Plus geleitet. Dort werden die einzelnen Lichtimpulse in einer sogenannten Mikrokanalplatte verstärkt und auf einem Bildschirm sichtbar gemacht. Über eine Prismenumlenkung wird das Bild dann parallel versetzt auf die optische Achse der Zieloptik gebracht. Dadurch, dass Einblickoptik und Spiegelobjektiv des NSA die gleiche Brennweite haben, führt eine mögliche Montageungenauigkeit des NSA auf der Waffe zu keinem Ziellinienfehler.

Der NSA wird von zwei handelsüblichen Mignonzellen gespeist, die eine Einsatzdauer von mehr als 90 Stunden ermöglichen. Das Gerät verfügt über eine automatische Helligkeitsregelung. Neben dem Ein-/Ausschalter weist der NSA nur einen Drehknopf zur Entfernungsfocussierung auf.

Das Magazin

Das Magazin des G36 zeigt wohl am deutlichsten die Fortschritte, die die Waffentechnik durch die Verwendung von modernen Kunststoffen gemacht hat. Im Gegensatz zum 20 Schuss fassenden Metallmagazin des G3 nimmt das aus hochfestem, durchsichtigem Kompositkunststoff bestehende Magazin 30 Schuss auf. Der Füllstand des Magazins ist jederzeit leicht optisch kontrollierbar, ohne das Magazin entnehmen zu müssen. Das Magazin ist sehr einfach zu laden, da die Patronen des Kalibers 5.56 x 45 nur von oben zwischen die beiden Magazinlippen gedrückt werden müssen. Die leicht gebogene Form des Magazins garantiert einen einwandfreien Sitz der Patronen und eine sichere Zuführung auch unter widrigen Umständen wie Schmutz, Kälte oder Eis.

Auf der linken Seite weisen alle Magazine zwei Nocken auf, auf der rechten zwei Lager. Dadurch kann der Schütze zwei oder mehr Magazine aneinander koppeln. Eine Magazinklammer oder Hilfskonstruktionen mit Klebeband entfallen hier vollständig. Je nach Lage und Auftrag kann es sinnvoll sein, bis zu drei Magazine aneinander zu koppeln. So erspart sich der Schütze das Entnehmen des Magazins aus der Magazintasche, was im Ernstfall wertvolle Sekunden spart.

Das Magazin und die Munition des G36 (rechts) im Vergleich zu Magazin und Munition des G3.

Das Trommelmagazin

Für besondere Aufgaben steht ein 100 Schuss fassendes Trommelmagazin zur Verfügung. Technisch korrekt ist es ein Doppeltrommelmagazin mit jeweils 50 Schuss. Wie im normalen Magazin des G36 werden die Patronen in einer sogenannten zweireihigen Zick-Zack-Lagerung geführt. Am unteren Ende des oberen Magazinteils werden die beiden Patronenreihen dann jeweils nach rechts und links in die seitlich stehenden Trommeln geführt, wo sie in einer Schnecke gelagert werden.

Das Handling des Trommelmagazins entspricht exakt dem des normalen 30 Schuss-Magazins.

Das Zweibein

Das Zweibein wird mittels des Ösenbolzens am Handschutz befestigt. Es dient dem stabileren Anschlag für präzise Schüsse. Wenn der Schütze die Waffe normal nutzt, liegen die

Die auf dem Rohr sitzende Bajonetthalterung ist hier zu erkennen. Das optionale Zweibein verfügt am unteren Ende der Beine über Bohrungen. Mit ihren Skistöcken können Gebirgsjäger so ein hohes Zweibein bauen.

Beine des Zweibeins von unten am Handschutz an. Sie können durch Herabschwenken ausgeklappt werden. Im ausgeklappten Zustand rasten die Beine fest ein, damit der Schütze diese im Anschlag nicht aus Versehen einklappen kann. Zum Lösen verfügt jedes Bein über einen eigenen Sperre, die zum Anklappen gedrückt werden muss.

Die Beine sind 27,5 cm lang und verfügen an ihrem unteren Ende jeweils über eine 10 mm Durchmesser messende Bohrung. Dank dieser können Gebirgsjäger, die auf Skiern unterwegs sind, unter Einsatz der Skistöcke ein hohes Zweibein bauen.

Der Trageriemen

Auch bei den Trageriemen geht die Entwicklung weiter. Vorbei sind die Zeiten des einfachen Trageriemens, so wie er noch beim G3 Verwendung fand. Heutige Trageriemen müssen multifunktionell sein. Daher ist der Trageriemen des G36 zweigeteilt und mit einer Schnellkupplung versehen. So ist es möglich, neben den klassischen Tragearten (über der Schulter, quer vor der Brust oder quer auf dem Rücken) die Waffe mittels des zweigeteilten Riemens wie einen Rucksack auf dem Rücken zu tragen. Auch im Hüftanschlag oder in der Pirschhaltung wird das Tragen der Waffe durch den neuen Riemen möglich.

Befestigt wird der Riemen mittels der in den Gurt geschlauften Karabiner, die bereits beim G3 Verwendung fanden. Als Befestigungspunkt dient die Öse am vorderen Ende des Handschutzes sowie bei Rechtshändern eine entsprechende Öse am hinteren Ende des Gehäuses kurz vor der Schulterstütze und bei Linkshändern eines der Löcher in der Schulterstütze, welches beim Zerlegen die Steckbolzen aufnimmt. Alternativ verfügt die Schulterstütze auch noch über eine beidseitig nutzbare Öse direkt vor der Schulteranlage.

Frühe Nachtsichtaufsätze wurden noch mittels einer Schraube am Tragegriff fixiert. Diese aktuelle Version des NSA verfügt über den schnelleren Kniespannhebel.

Das Manöverpatronengerät erlaubt es, auf geringe Distanz zu üben.

Sicherheitsmanöverpatronengerät und AGDUS

Um mit dem G36 adäquat üben zu können steht selbstverständlich auch ein Manöverpatronengerät zur Verfügung. Auch an diesem kann man gegenüber dem des G3 deutliche Verbesserungen ausmachen. Das Sicherheitsmanöverpatronengerät wird anstelle des Mündungsfeuerdämpfers auf das Gewinde an der Mündung aufgeschraubt. Er hat im Gegensatz zum Manöverpatronengerät des G3 keine verstellbare Düse, sondern verfügt über eine sogenannte Zerstäuberspirale. Diese stellt sicher, dass keinerlei Pulverpartikel, sondern nur deren Gase nach vorne austreten können. Es kann daher auf geringste Distanz geübt werden.

Sollte versehentlich eine scharfe Patrone verschossen werden, wird deren Geschoss vom Sicherheitspatronengerät aufgefangen, ohne dieses zu zerstören oder den Schützen zu gefährden. Sollte es also einmal zu einer verhängnisvollen Verwechslung von Manöver- und Gefechtsmunition kommen, bewahrt das Manöverpatronengerät hier den Schützen wie den „Gegner" vor lebensgefährlichen Verletzungen. Um bei Übungen einsatznah üben zu können, kann an die Mündung des G36-Rohres ein Ausbildungsgerät Duellsimulator AGDUS (ein Laser-Schusssimulator) montiert werden.

Die Munition

Anfang der 80 Jahre führte die NATO aufgrund verschiedener Vergleichserprobungen und des Einflusses der US-Armee neben der Patrone 7,62 x 51 auch die Patrone 5,45 x 45 als Handwaffenkaliber ein. Viele Staaten haben seither mit dem Wechsel auf ein neues Sturmgewehr auch auf das kleinere Kaliber gewechselt. Zwar hat die Patrone nicht mehr die Reichweite wie der 7,62 x 51, aber auch hier haben sich die Anforderungen geändert. Während Waffen wie das Gewehr 98k noch eine verstellbare Visierung bis auf 1200 Meter hatten, überlässt man heute diese Entfernungen den Scharfschützen. Die Anforderungen bei heutigen Einsätzen liegen deutlich unterhalb 500 Meter und hier hat die Patrone 5,56 x 45 mehr als ausreichende Leistungsreserven.

Der große Vorteil der Munition des kleineren Kalibers liegt in ihrem geringen Gewicht. Die Patrone 5,56 ist nur noch gut halb so schwer wie die Patrone 7,62 x 51. In der Praxis bedeutet dies, dass der Soldat bei gleicher Patronenmenge deutlich weniger Gewicht zu schleppen hat, oder dass er bei gleicher Beladung erheblich mehr Munition mit sich führen kann. Und beides ist (bei aus Anwendersicht gleicher Patronenleistung) ein erheblicher Vorteil.

Schussleistung

Bevor ein G36 das Werk von Heckler & Koch in Oberndorf verlässt, muss es sich einigen Tests unterziehen. Neben dem obligatorischen Überdruckbeschuss und diversen anderen Härtetests steht selbstverständlich ein Präzisionsbeschuss auf 100 Meter Entfernung auf

Für den Einsatz bei Übungen steht das Ausbildungsgerät Duellsimulator AGDUS, ein Laser-Schussgerät zur Verfügung.
Unten ein Soldat mit den optischen Empfängern am Helm.

dem Programm. Überprüft werden alle Ergebnisse von der Güteprüfstelle des Bundesamtes für Wehrtechnik und Beschaffung. Dabei darf der Durchmesser eines 5 Schuss-Streukreises 12 cm nicht überschreiten. Dies mag für Sportschützen fast unglaublich klingen, da man in diesem Bereich Gruppen in Streukreisen von 2 cm und weniger gewohnt ist. Es gilt aber zu bedenken, dass ein Sturmgewehr unter allen, auch den widrigsten Umständen funktionieren muss, und daher nicht die engen, präzisionsbedingenden Passungen einer Sportwaffe aufweisen kann. Des weiteren sei angemerkt, dass in der Regel die Schusskreise bei 5 cm liegen und somit die Vorgaben deutlich unterschreiten.

Im Schuss ist das G36 ein reines Vergnügen. Im direkten Vergleich zum G3 schießt sich die Waffe deutlich angenehmer. Trotz des geringeren Waffengewichtes ist es durch die ergonomische Gestaltung und die Verschlusskonstruktion in Verbindung mit dem neuen Kaliber gelungen, eine sehr gut beherrschbare und leicht zu schießende Waffe zu entwickeln. Beim Schießen mit dem Gewehr G3 hatten viele Rekruten aufgrund des unsanften Kontaktes ihres Wangenknochens mit dem Schaft eine gewisse Schussangst entwickelt. Beim G36 hingegen entfällt dieses Problem. Der Rückstoß ist vergleichsweise gering und sehr gut zu beherrschen. Schnell aufeinander folgende Einzelschüsse mit Zielwechsel sind daher ebenso leicht möglich wie kurze Feuerstöße auf multiple Ziele oder lange Feuerstöße, ohne dass die Waffe auswandert. Positiv macht sich in diesem Zusammenhang auch der militärisch trockene Abzug bemerkbar.

Auch bestätigt sich auf dem Schießstand die bereits angesprochene innovative Konzeption der Visierung. Reißt man die Waffe schnell hoch, um einen Schuss auf ein plötzlich auftauchendes Ziel abzugeben, so liegt das Kollimatorvisier sofort vor dem Auge des Schützen. Dieser kann dank des roten Leuchtpunktes das Ziel schnell aufnehmen und bekämpfen. Muss man einen präzisen Schuss auf größere Distanzen abgeben, so liegt im Anschlag die Waffe sehr gut mit der Zielfernrohroptik vor dem Auge des Schützen. Auch hat die Praxis gezeigt, dass die Trefferwahrscheinlichkeit selbst auf größere Entfernungen aufgrund des optischen Visierkonzeptes gegenüber der offenen Visierung des G3 deutlich steigt und dies bei gleichzeitig erheblich kürzerer Ausbildungsdauer.

Das G36 in seiner Standardausführung.

Das G36 K

Besondere Aufgaben erfordern besondere Waffen. Daher ist es verständlich, dass eine Sondereinheit wie das Kommando Spezialkräfte (KSK), das in Calw stationiert ist, mit einer auf seine Bedürfnisse abgestimmten Variante des G36 ausgerüstet ist, dem G36 K. Hat man die Waffe einmal gesehen, so ist unschwer zu erraten, dass der Buchstabe „K" die Kurzversion kennzeichnet. Das G36 K ist nämlich 14,5 cm kürzer als das G36. Um dies zu erreichen, wurde das Rohr gekürzt; was eine zurückverlegte Gasentnahme sowie einen kürzeren Handschutz bedingt.

Die Verkürzung der Waffe ist aufgrund der speziellen Aufgaben des KSK sinnvoll. Diese Einheit hat ähnliche Aufgaben wie eine polizeiliche Sondereinheit (SEK, MEK) – wenn auch außerhalb der Bundesgrenzen und

primär in militärischen Krisengebieten; so gehören Aufgaben wie die Befreiung gefangener Soldaten oder die Evakuierung von deutschen Staatsbürgen zum Repertoire des KSK. Da sich solche Einsätze meist in Häusern abspielen, ist eine kurze, kompakte Waffe aufgrund der beengten Platzverhältnisse und des besseren Handlings von Vorteil. Die durch das kürzere Rohr bedingte, etwas geringere Präzision ist in diesem Falle unerheblich, da die Schussdistanzen für die KSK-Soldaten durch die Art der Einsätze relativ kurz sind und bei Bedarf auch Scharfschützen zur Verfügung stehen.

Ebenfalls aufgrund der besonderen Aufgaben des KSK ist das G36 K am Handschutz mit zwei Anbaugeräten versehen. Auf der linken Seite des Handschutzes ist eine „Sure Fire" Lampe montiert. Diese sehr kompakte aber auch extrem hell leuchtende Halogenlampe hilft dem Soldaten, sich im Einsatz besser zu orientieren, und soll gleichzeitig den Gegner blenden. Auf der rechten Seite des Handschutzes ist ein Infrarotlaser montiert, der im Zusammenspiel mit einem Nachtsichtgerät selbst bei absoluter Dunkelheit für Treffer mit höchster Präzision sorgt.

Die Kurzversion das G36 K ist knapp 15 cm kürzer als die Standardversion. Es kommt beim Kommando Spezialkräfte (KSK) zum Einsatz.

Parallel zum Rohr sind beim G36 K des KSK auf der rechten Seite ein unsichtbarer Infrarotlaser und auf der linken Seite eine spezielle Lampe montiert.

Schlussbetrachtung

Allein mit der Ausgabe eines neuen Gewehres an die Truppe ist es nicht getan. Neben einem funktionierenden Ersatzteilwesen, entsprechendem Werkzeug, passenden Magazintaschen, Waffenhalterungen in den diversen Fahrzeugen und noch einigen anderen Punkten muss auch die Ausbildung der Ausbilder sowie die gesamte bürokratische Seite einer solchen Umrüstung organisiert werden; eine große Herausforderung vor allem an die Logistiker der Bundeswehr. Daher wird das G36 nach einem festgelegten Schlüssel an die Truppe verteilt, wobei die Einheiten der Krisenreaktionskräfte primär versorgt werden. Selbstverständlich werden auch die diversen Truppenschulen möglichst frühzeitig umgerüstet.

Seine Bewährungsprobe hat das G36 bereits hinter sich: Die Kräfte der Bundeswehr, die im ehemaligen Jugoslawien im Einsatz sind, stellen dem G36 durchweg ein gutes Zeugnis aus. Darüber hinaus zeugt ein großes weltweites Interesse davon, dass die Technik des G36 auch in anderen Ländern Anklang findet. So rüstet mittlerweile auch Spanien seine Armee mit dem G36 aus.

Es ist die Kombination aus bewährter Technik in Verbindung mit innovativen Lösungen, die das G36 zu einer richtungsweisenden Waffe machen. Der Bundeswehr jedenfalls steht damit eine Waffe zur Verfügung, die auf das neue Aufgabenspektrum unserer Armee perfekt abgestimmt ist und dank ihrer modernen Technik unseren Soldaten viele Jahre lang gute Dienste leisten wird.

Technische Daten des G36

Bezeichnung:	Gewehr G36, Kaliber 5,56 mm
Kaliber:	5,56 x 45 / .223 Remington
Länge:	1000 mm (Schulterstütze ausgeklappt)
	758 mm (Schulterstütze angeklappt)
Rohrlänge:	480 mm
Dralllänge:	178 mm / 1 in 7" (Rechtsdrall)
Rohrprofil:	Feld/Zug, hartverchromt
Zahl der Züge:	6
Höhe:	320 mm (mit Magazin)
Breite:	64 mm
Gewicht Waffe:	3630 g (ohne Magazin)
Gewicht Magazin:	127 g (leer), 483 g (incl. 30 Schuss)
Abzugsgewicht:	30–50 N
Kadenz:	750 Schuss/Minute
Geschossgewicht:	4,0 g
v_0:	920 m/s
Mündungsenergie:	1725 Joule
Feuerarten:	Einzelfeuer / Dauerfeuer
Visierung:	Zielfernrohr (3-fach), Kollimator-Visier (einfach)

Der „Zivilist"
Das Gewehr SL 8

3

Damit die Reserve keine Ruhe hat, sondern fleißig üben kann, produziert Heckler & Koch als zivilen Abkömmling des G36 das SL 8.

Auch wenn in den letzten Jahren der gesamte Reservistenbereich starken Kürzungen unterlag, so gibt es immer noch viele Reservisten, die in den Reservistenkameradschaften organisiert, regelmäßig auf den Standortschiessanlagen der Bundeswehr trainieren. Zu Zeiten des G3 stand dafür das SL 7 zur Verfügung, das, wenn auch deutlich ziviler im Aussehen, eine sehr naher Verwandter des G3 ist, wodurch die Reservisten adäquat üben konnten. Um dem Bedürfnis der Reservisten nach einer analogen Trainingswaffe für das G36 Rechnung zu tragen, ging bereits kurz nach der Einführung des G36 das SL 8 an den Start. Allerdings verbietet das deutsche Waffengesetz eine optische Nähe von zivil erwerbbaren Waffen zu militärischen Waffen, so dass man das SL 8 wohl mit den Worten „außen zivil, innen G36" recht treffend beschreiben kann. Auch wenn es bis dahin ein langer Weg war, da die Konstrukteure von Heckler & Koch einen schmalen Grat zu beschreiten hatten. Da waren einerseits die Forderungen der Landeskriminalämter nach einer zivilen Waffe, andererseits der Wunsch der Reservisten nach einer möglichst großen Nähe zum Original. Man muss anerkennen, dass diese Gratwanderung recht gut gelungen ist. Das SL 8 kann und will seine Verwandtschaft mit dem G36 nicht verleugnen, ist aber zweifelsohne ein Zivilist. Daher werden nachfolgend nur die Punkte besprochen, in denen sich das SL 8 vom G36 unterscheidet.

Auch wenn auf den ersten Blick die Ähnlichkeiten nicht all zu groß sind, so ist das SL 8 doch der nächste Verwandte des G36.

Das Gehäuse

Das Gehäuse ist auch beim SL 8 zentraler Träger aller anderen Baugruppen. Handschutz, Visierschiene, Magazin und Schulterstütze finden am Gehäuse halt. Signifikantester Unterschied zum G36 am Gehäuse ist, neben der grauen Farbe, die auf eine Forderung der Landeskriminalämter zurückgeht, das Rohr, oder wie es in diesem Falle zivil richtiger heißen würde, der Lauf. Dieser weist selbstverständlich den gleichen Drall (178 mm) auf wie das G36, ist aber mit 500 mm um 20 mm länger als der Lauf des Originals. Während dies jedoch im Endeffekt marginal ist, zeigt die Dicke des Laufes einen gewaltigen Unterschied. Während der Durchmesser der G36-Rohre zwischen 15 und 18,5 mm liegt, weisen die Läufe des SL 8 eine Stärke zwischen 20 und 22 mm auf. Die vom Militär geforderte Präzision von weniger als 12 cm mit 5 Schuss auf 100 Metern ist für Sportschützen eher inakzeptabel. Allerdings muss man bedenken, dass diese Präzision durch die Toleranzen der Militärwaffen bedingt ist, die auch bei Schlamm, Eis oder anderen Faktoren dieser Art immer einwandfrei funktionieren müssen. Und zur Ehrenrettung des G36 sei hier (wie zuvor schon geschehen) zusätzlich angemerkt, dass die Streukreise des Sturmgewehres auf 100 Meter unter 5 cm liegen. Auf dem hart umkämpften Markt der Sportwaffen allerdings reichen diese Werte nicht aus. Da ja die zivile Variante weder Mündungsfeuerdämpfer noch Bajonetthalter benötigt, konnten die Entwickler des SL 8 den Lauf entsprechend dimensionieren, was primär der Präzision zugute kommt. Mit guter Fabrikmunition bringt das SL 8 auf 100 Meter 5 Schuss-Gruppen im Streukreis von weniger als 30 mm, mit handgeladener Munition sind sogar 20-mm-Streukreise möglich.

Eine weitere auffällige Änderung betrifft die Visierschiene. Beim G36 ist diese ja gleichzeitig als Tragegriff ausgebildet. Hier verbietet das Waffengesetz Tragegriffe an zivilen Waffen, so dass eine Änderung gegenüber dem Original notwendig war. Das SL 8 weist so eine 52 cm lange Schiene mit Weaverprofil auf, die als Träger für die Visierungen dient. Damit hat der Schütze dann freie Auswahl. Im Lieferumfang ist eine einfache offene Kimme/ Korn-Visierung enthalten, des weiteren ist ein Zielfernrohr 3 x 10 erhältlich. Dies entspricht, trotz der unterschiedlichen Bezeichnung, voll und ganz dem Zielfernrohr der G36. Es wird mittels zweier Schrauben auf die Weaverschiene aufgesetzt und befestigt. Darüber hinaus kann der Schütze auf die 21-mm-Weaverschiene jegliche handelsübliche Optik aufsetzen: Ob Zielfernrohr oder Leuchtpunktvisier, je nach Disziplin oder Präferenzen des Schützen stehen hier alle Möglichkeiten offen.

Auch beim Magazinschacht gab es eine kleine, wenn auch unauffällige Änderung. Da es verboten ist, das SL 8 mit weit aus dem Schaft herausstehenden Magazinen zu laden, wurden hier kleine Änderungen vorgenommen, die verhindern, dass G36-Magazine im SL 8 verwendet werden können.

Der Verschluss

Der Drehkopfverschluss des SL 8 ist bis auf marginale Änderungen mit dem des G36 identisch. Um sicher zu stellen, dass in das SL 8 kein G36 Verschluss eingebaut wird, weist der Verschluss des SL 8 an einigen

Wolf im Schafspelz: Der Vergleich zeigt, dass die zivile Variante des G36 gut gelungen ist.

Stellen minimal andere Maße auf als der des G36. Darüber hinaus fehlen dem SL 8-Verschluss selbstverständlich die für die Dauerfeuerfunktion notwendigen Merkmale. Der Verschluss kann zum Reinigen ebenso leicht und ohne Werkzeug zerlegt werden wie der des G36.

Die Schulterstütze

An der Schulterstütze findet sich wohl die größte Änderung des SL 8 gegenüber dem G36. Da aufgrund der gesetzlichen Vorgaben eine klappbare Schulterstütze ebenso nicht in Frage kam wie ein frei stehender Pistolengriff, integrierte man in die Schulterstütze einen Pistolengriff mit Daumenlochverbindung zum Schaft. So bilden Abzugsgruppe, Pistolengriff und Schaft beim SL 8 eine Baugruppe. Befestigt wird die Schulterstütze, die von hinten auf das Gehäuse aufgeschoben wird, an diesem mittels zweier Imbusschrauben, die von rechts bzw. links das Gehäuse an seinem hintersten Punkt mit der Schulterstütze oberhalb des Daumenloches verbinden.

Da die Anpassung der Waffe an den Schützen bei Sportgewehren im Gegensatz zu Militärgewehren vom Kunden gefordert wird, kann man die Schulterstütze durch Einlegen von bis zu 5 Zwischenscheiben um jeweils 10 mm verlängern. Ähnliches gilt auch für die Backenauflage. Dank der im Lieferumfang enthaltenen Zwischenelemente kann sie in der Höhe variiert werden, so dass der Schütze die optimale Position zur jeweiligen Zieloptik einstellen kann.

Technische Daten des SL 8

Bezeichnung:	Selbstladegewehr SL 8
Kaliber:	5,56 x 45 / .223 Remington
Länge:	970–1020 mm (einstellbar)
Lauflänge:	500 mm
Dralllänge:	178 mm / 1 in 7" (Rechtsdrall)
Laufprofil:	Feld/Zug, hartverchromt
Zahl der Züge:	6
Höhe:	243 mm
Breite:	58 mm
Gewicht Waffe:	ca. 4000g (ohne Magazin)
Gewicht Magazin:	70 g (leer), 190 g (inkl. 10 Schuss)
Abzugsgewicht:	ca. 18 N
Visierung:	Dioptervisier 100 m/Optik 3 x 4° (optional)

Wenn auch der Griffwinkel des SL 8 dem des G36 entspricht, so ist der Pistolengriff hier aufgrund der gesetzlichen Forderungen durch das Daumenloch entschärft. Diese notwendige Lösung ist dabei noch recht gut gelungen. Lediglich zum Entsichern muss man den Daumen der Abzugshand etwas anstrengen, um die Sicherung zu erreichen, die selbstverständlich auch nur die Stellungen „S" für gesichert und „F", in diesem Falle für Einzelfeuer, aufweist. Alternativ kann man auch problemlos mit dem hintersten Glied des Abzugfingers die Sicherung betätigen. Dies ist auf den ersten Blick zwar ungewöhnlich, aber dennoch einfach und schnell zu bewerkstelligen.

Der ebenfalls in die Schulterstütze integrierte Abzug unterscheidet sich glücklicherweise deutlich von dem des G36. Während ein hohes Abzugsgewicht an militärisch genutzten Waffen sinnvoll ist, haben Sportschützen daran wenig Vergnügen. Daher legte man bei der Entwicklung des SL 8 im Hause Heckler & Koch ein besonderes Augenmerk

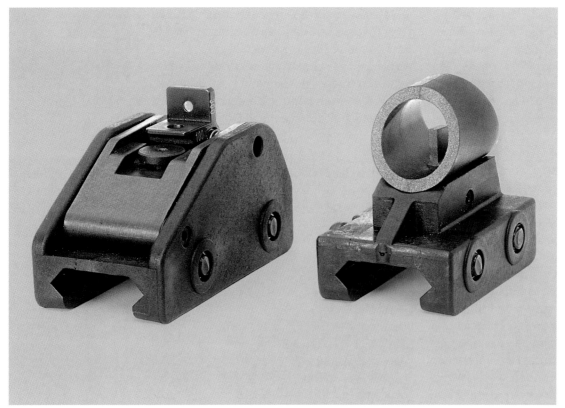

Eine offene Kimme/Korn-Visierung ist im Lieferumfang enthalten. Ein Zielfernrohr 3 x 10, das dem Zielfernrohr des G36 gleicht, ist ebenfalls erhältlich. Auf die vorhandene Weaver-Schiene kann darüber hinaus jede handelsübliche Optik aufgesetzt werden.

auf den Abzug. Und diese Mühe zahlt sich aus: Mit einem angenehm leichten Vorzug von 2,7 mm bei einem gesamten Abzugsweg von nur 3,6 mm kommt der Abzug angenehm trocken und mit 1,7 kg auch entsprechend leicht. Dies ist um so beachtlicher, als man aus Kostengründen natürlich versuchte, möglichst wenige Teile neu herzustellen, sondern lieber auf vorhandene Teile des G36 zurückgriff. Allerdings ist der SL 8-Abzug selbst mit entsprechenden Teilen des G36 nicht aufrüstbar.

Der Handschutz

Auch dieser ist bis auf die gesetzlich notwendigen Änderungen mit dem des G36 identisch. So weist der Handschutz des SL 8 keinerlei Kühlöffnungen oder Kühlrippen auf und auch die Möglichkeit, ein Zweibein zu adaptieren, fehlt. Dank seiner Befestigung am Gehäuse umschließt der Handschutz den frei schwingenden Lauf so, dass dieser – auch wenn man vom Sandsack aus schießt – nicht vom Handschutz berührt wird. Dadurch werden negative Einflüsse auf die Präzision ausgeschlossen. Am vorderen unteren Ende des Handschutzes befindet sich ein Öse, die zu Aufnahme des Gewehrriemens dient. Der zweite Befestigungspunkt befindet sich an der Schulterstütze direkt vor der Schulterauflage.

Das Magazin

Auch das Magazin ist weitgehend mit dem Magazin des G36 identisch. Da wie gesagt ein aus dem Schaft herausragendes Magazin im zivilen Bereich verboten ist, musste das Magazin so weit gekürzt werden, dass es nur noch eine Kapazität von 10 Schuss aufweist und nicht mehr 30 Schuss wie das des G36. Bei eingeführtem Magazin ragt somit nur noch der breite Boden aus dem Magazinschacht heraus. Zwar fällt das Magazin bei Betätigung des Magazinhaltehebels von selbst aus der Waffe, aber wenn man zum Beispiel das Magazin nur kurz entnehmen möchte, um die Anzahl der noch vorhandenen Patronen zu überprüfen, ist der breite Boden hilfreich. Die optische Füllstandskontrolle ist leicht möglich, da das Magazin aus dem gleichen gut durchsichtigen Kunststoff gefertigt wird, wie das des G36.

Um zu verhindern, dass G36-Magazine im SL 8 verwendet werden, weist das Gehäuse im Bereich des Magazinschachtes zwei kleine Stege auf, die mit entsprechenden Aussparungen an der Oberseite des SL 8-Magazins korrespondieren. Da die Magazine des G36 diese Aussparung nicht aufweisen, ist es nicht möglich, sie in den Magazinschacht des SL 8 so weit einzuführen, dass Patronen zugeführt werden können.

Die Pflege

Während das Innenleben des SL 8 auf herkömmliche Weise gereinigt wird, stellt der helle Kunststoffschaft den Schützen zunächst einmal vor Probleme. Sowohl Schmauch wie auch die auf dem Schießstand nie ganz sauberen Finger hinterlassen auf dem hellen Kunststoff des Schaftes ihre Spuren. Zwar helfen warmes Wasser und Seifenlauge bei der Reinigung der Waffe, aber es gibt mittlerweile auch wirkungsvollere Reinigungsmittel.

Damit sollte Cockpitspray, wie man es in jedem Autozubehörhandel erhält, im Waffenschrank eines jeden SL 8-Besitzers stehen. Damit ist die Waffe von außen leicht und schnell zu reinigen, ohne dass negative Einflüsse auf den Kunststoff oder dessen Lebensdauer zu befürchten sind.

Die zum Zerlegen sowie für sämtliche Einstellarbeiten notwendigen Werkzeuge werden in Form eines Multifunktionswerkzeuges mitgeliefert.

Die Variante SL 9

Auf der Basis des SL 8 produziert Heckler & Koch auch das SL 9, das allerdings ausschließlich für den Behördenmarkt vorgesehen ist. Das SL 9 ist als schallgedämpfte Waffe für Präzisionsschützen konzipiert. Es ist daher komplett in Schwarz gehalten. Während das Gehäuse selbst keinerlei Änderungen gegenüber dem SL 8 aufweist, ist der Lauf selbstverständlich nicht im Kaliber .223 Remington / 5,56 x 45. Dieses Kaliber ist für eine schallgedämpfte Waffe nicht geeignet. So wurde ein Lauf im Kaliber 7,62 x 37 eingebaut. Bei diesem Kaliber handelt es sich um eine von Heckler & Koch verbesserte Ausführung des speziell für schallgedämpfte Waffen entwickelten Kalibers .300 Whisper. Da die Patrone 7,62 x 36 den gleichen Stoßbodendurchmesser und die gleiche Patronenlänge aufweist wie die .223 Remington, ist ein Kaliberwechsel leicht nur durch den Austausch des Laufes zu bewerkstelligen und erfordert keine großen konstruktiven Änderungen. Der Lauf des SL 9 ist nur 33 cm lang, was aber in Anbetracht der durch die Außenballistik von Schalldämpferpatronen beschränkten Maximalschussdistanz kein Problem darstellt. Der Lauf wird nach vorne durch einen 30 cm langen Schalldämpfer verlängert, der dank seiner Innengeometrie das Abschussgeräusch der Waffe nicht nur deutlich reduziert, sondern auch modifiziert. So ist zwar beim Schuss immer noch ein Geräusch vorhanden – das leise „Plopp" der Schalldämpfer in Filmen ist unrealistisch – aber dies ist deutlich leiser als ein normales Schussgeräusch und so verändert, dass man es nicht als Schussknall deutet.

Anstelle der beim SL 8 verwendeten Visierschiene aus Kunststoff hat das SL 9 eine auf 58 cm verlängerte Visierschiene aus Stahl. Diese ermöglicht dank ihres durchgehenden Weaverprofils die Anbringung jeglicher optischer Visierung wie auch dank ihrer Länge den Einsatz eines Nachtsichtvorsatzes vor dem Zielfernrohr. Dieser im Prinzip wie beim G36 funktionierende Aufbau ermöglicht es dem Präzisionsschützen, in wenigen Sekunden ohne Nachjustieren und ohne negative Einflüsse auf

Mit einem Multifunktionswerkzeug können sämtliche Zerlege- und Einstellarbeiten durchgeführt werden.

die Präzision sein SL 9 für einen Rettungsschuss bei Nacht umzurüsten. Der Handschutz ist beim SL 9 wieder ventiliert, das heißt, er weist in seiner Unterseite und den Seitenflächen Öffnungen auf, die zur Kühlung des Laufes dienen. Eine Weaverschiene auf der Unterseite des Handschutzes ermöglicht es, ein Zweibein in diversen Positionen zu montieren. Der Hinterschaft sowie die Backenauflage sind nicht über das Einlegen oder Herausnehmen von Zwischenelementen einstellbar, sondern verfügen über eine integrierte Schnellverstellung.

Zusammenfassung

Im Rahmen der gesetzlichen Möglichkeiten bleibt das SL 8 so nahe am Original wie möglich. Es ist eine präzise und zuverlässige Waffe, die nicht nur den damit trainierenden Reservisten viel Freude bereiten wird, sondern auch für den normalen Sportschützen von Interesse ist.

Bei speziellen Einsätzen ist die Pistole P8
auf nahe Entfernungen gegenüber anderen
Waffen durchaus vorzuziehen.
Vor allem beim Einsatz gegen Nicht-Kombattanten
(hier bei der Ausbildung) wirkt die P8 weniger
martialich als eine andere Waffe.

Pistole P8

Selbstverteidigung

Die Pistole P8

Nicht bei allen Soldaten ist das G36 oder eine Maschinenpistole als persönliche Waffe sinnvoll. In diesen Fällen kommt die neue Dienstpistole, die P8 zum Zuge, die die Pistole P1 ablöst.

Die Soldaten, die nicht unmittelbar am Kampfgeschehen beteiligt sind, aber dennoch mit Feindbegegnungen rechnen müssen, sollten ebenfalls adäquat bewaffnet sein. Bei einem Funker, der in seinem Funkwagen oder Panzer sitzt, sind entsprechende Halterungen für das Sturmgewehr vorgesehen und auch ein Kradmelder kann ohne große Beeinträchtigung eine Maschinenpistole mitführen. Schwieriger wird dies bei anderen Soldaten, wie zum Beispiel den Piloten eines Verbindungshubschraubers oder bei Sanitätern – um nur zwei Beispiele zu nennen. Beide Gruppen unterliegen nur einem geringen Risiko, direkt in Kampfhandlungen verstrickt zu werden. Das Mitführen eines Sturmgewehres würde für sie eine große Belastung darstellen. Der Sanitäter muss in der Regel beide Hände frei haben, um sich um die Verwundeten zu kümmern. Auf dem Rücken sollte er eher seine Einsatztasche mit Verbandsmaterial tragen als ein Sturmgewehr. Dennoch wäre es unverantwortlich, diejenigen Soldaten, die primär keine Waffe benötigen, der Möglichkeit zur Selbstverteidigung zu berauben. In diesen Fällen ist eine zeitgemäße Pistole die richtige Wahl, da sich die angesprochenen Soldaten damit auf kurze Entfernungen wirksam verteidigen können, ohne durch das Mitführen einer Waffe über Gebühr in ihrer eigentlichen Aufgabenstellung behindert zu werden.

Darüber hinaus spielen in diesem Falle natürlich auch logistische Gründe eine Rolle. Im Handwaffenbereich sind bei der Bundeswehr, von einigen unbedeutenden Ausnahmen einmal abgesehen, drei Kaliber eingeführt: 7,62 mm x 51 für das Maschinengewehr und das „alte" Sturmgewehr G3, 5,56 mm x 45 für

Die Heckler & Koch P8 löst die Walther P1 als Dienstpistole der Bundeswehr ab.

das neue Sturmgewehr G36 und 9 mm x 19 für die Maschinenpistole und die Pistole P1. Eine weitere Patrone würde den logistischen Apparat unnötig aufblähen und es würde auch im Ernstfall zu Versorgungsengpässen kommen. So wie der G3-Schütze im Notfall einen MG-Gurt zerlegen und die so gewonnenen Patronen in sein Magazin laden kann, besteht auch für den Pistolenschützen die Möglichkeit, bei akuter Munitionsknappheit sich mittels eventuell noch vorhandener MP-Munition zu versorgen.

Der Wechsel

Die Pistole P1 der Bundeswehr trägt im zivilen Bereich den Namen P38. Sie wurde in den 30er Jahren des letzten Jahrhunderts von der Firma Walther für die Reichswehr entwickelt und dort auch im Jahre 38 eingeführt. Nach über 60 Jahren dürfte klar sein, dass die damals durchaus fortschrittliche und innovative Pistole heute nicht mehr ganz dem Stand der Technik entspricht und auch den der Zeit angepassten veränderten Forderungen der Bundeswehr an eine Pistole nicht mehr nachkommt. Und auch wenn die P1 jahrelang ihren Dienst bei der Bundeswehr versehen hat und dabei die damals an sie gerichteten Anforderungen bezüglich ihrer Lebensdauer weit übertroffen hat, so war es der Bundeswehrführung doch klar, dass es auch hier, wie beim G3, Zeit für einen Generationswechsel wurde. Und wie beim G36, das ja praktisch zeitgleich mit der P8 beschafft wurde, wollte die Bundeswehr für die neue Pistole keinen Entwicklungsauftrag vergeben, sondern sah sich unter den auf dem Markt befindlichen Pistolen um. Neben einer gewaltigen Einsparung an Entwicklungskosten, die ja vom Bund in der Regel zumindest mitzufinanzieren sind, kann man so auf bewährte und erprobte Produkte zurückgreifen. Dies spart zwar nicht die Tests und Untersuchungen, die bei der Auswahl einer neuen Waffe von der Bundeswehr selbst, sprich vom Bundesamt für Wehrtechnik und Beschaffung und d Truppe, durchgeführt werden. Aber die bereits mit den zur Auswahl stehenden Waffen gewonnenen Erfahrungen können bei der Entscheidung für eine neue Dienstpistole wichtige Hinweise geben. So wurden die zur Auswahl stehenden Kandidaten dann auch im wahrsten Sinne des Wortes durch den Schmutz gezogen, auf Eis gelegt und stark belastet. In den Labortests des Auswahlverfahrens galt es, die Waffe in möglichst kurzer Zeit in einer Art und Weise zu belasten, die einem jahrelangen Dienstgebrauch entspricht. Dazu gehört der Sandschlepptest ebenso wie die Abkühlung auf minus 32 Grad. Auch Temperaturen jenseits der plus 50 Grad-Marke, wie man sie zum Beispiel beim Einsatz in Somalia angetroffen hat, muss die Waffe ohne Funktionsstörungen verkraften. Hohe Schussbelastungen von mehreren tausend Schuss ohne signifikante Störungen oder Ab-

nutzungserscheinungen runden die Testreihen ab. Darüber hinaus müssen alle Waffenteile untereinander austauschbar sein, so dass der Waffenmeister im Ernstfall im Feld aus zwei defekten Waffen eine funktionierende machen kann. Primär dient diese Forderung aber dazu, dass Ersatzteile ohne umständliches und langwieriges Einpassen schnell eingebaut werden können. Und letztlich müssen sich alle Anwärter auf die „Stelle" als neue Dienstpistole auch diversen Präzisionstests unterziehen. Die Forderungen sind bei der Pistole ähnlich wie die bereits beim G36 geschilderten. Die Forderung von 12 cm Streukreisdurchmesser auf 25 Meter verleiten einen Sportschützen eher zu einem mitleidigen Lächeln. Das mitleidige Lächeln würde dem Sportschützen aber vergehen, wenn man dies von seiner Waffe nach einem ausgiebigen Schlammbad verlangte. Denn gerade hier liegt die Kunst der Konstrukteure, eine militärische Waffe so zu bauen, dass sie unter allen Umständen funktioniert und auch im widrigsten Falle noch eine ausreichende Präzision bietet. Somit versteht sich auch von selbst, dass die Waffen, die während des Auswahlverfahrens untersucht wurden, unter normalen Bedingungen eine deutlich bessere Präzision zeigten.

Nachdem sowohl die Laborversuche wie auch diverse Truppenversuche überstanden waren, wurde von den zuständigen Stellen des Rüstungsbereiches die Einführungsgenehmigung für die im Auswahlverfahren erfolgreichste Waffe, die Pistole P8 von Heckler & Koch aus Oberndorf am Neckar, unterzeichnet.

Zusammen mit dem G36 wurde die Pistole P8 dann im Dezember 97 an der Infanterieschule in Hammelburg (von ihr stammen im übrigen auch unsere Action-Bilder) offiziell an die drei Teilstreitkräfte übergeben. Der General der Infanterie und Kommandeur der Infanterieschule übergab in dieser Zeremonie jeweils eine Pistole P8 sowie je ein Gewehr G36 stellvertretend an je einen Soldaten der drei Teilstreitkräfte. Dies war der Zeitpunkt der offiziellen Einführung der P8, wenn auch zuvor bereits einige Waffen in der Truppe vorhanden waren. Bei den bereits mit der P8 ausgerüsteten Verbänden handelte es sich dabei um Einheiten, die im Rahmen friedensschaffender oder friedenserhaltender Missionen von UNO oder NATO im Einsatz waren und daher mit den besten zur Verfügung stehenden Waffen ausgerüstet wurden.

Die Pistole P8

Die P8 ist ein weiteres Mitglied der erfolgreichen USP-Familie von Heckler & Koch. Ende der 80er Jahre begannen viele amerikanische Polizeieinheiten, ihre Beamten, die bis dato mit Revolvern ihren Dienst versahen, auf Selbstladepistolen umzurüsten. Bei der Zahl der amerikanischen Polizeibeamten wurde also eine große Zahl an neuen Dienstwaffen benötigt. Allerdings ist in den USA die Beschaffung nicht Ländersache wie in Deutschland, sondern jede Polizeibehörde kann ihre eigene Wahl treffen. Um an dem großen Kuchen teilzuhaben, wurde bei Heckler & Koch in Oberndorf die USP, die Universal-Selbstlade-Pistole, entwickelt. Da sie ja auf den amerikanischen Polizeimarkt zugeschnitten war, wurde die

Die Pistole P8 ist für Rechts- wie auch für Linkshänder geeignet.

losen Funktionssicherheit auch unter widrigen Bedingungen wie Schlamm, Staub, Sand, Hitze und Kälte einwandfrei funktionierte. Darüber hinaus ist die USP aufgrund ihres durchdachten, modularen Aufbaus nur durch den einfachen Austausch weniger Teile an praktisch alle Kundenwünsche bezüglich des Abzugs- und Sicherungssystems adaptierbar.

Die Waffe ist weiterhin für Rechts- wie Linkshänder gleichermaßen geeignet. Zwar sitzt der Entspannhebel auf der linken Waffenseite, was aber in der Praxis keinen Nachteil darstellt. Einmal davon abgesehen, dass jede Waffenwerkstatt den Hebel für einen Linkshänder in weniger als 5 Minuten auf die rechte Seite umbauen kann, wird dieser Hebel ja nur zum Entspannen benötigt. Ein solcher Umbau für Linkshänder ist von der Bundeswehr nicht vorgesehen. Will man die Waffe entsichern,

Waffe zunächst im Kaliber .40 S&W entworfen und produziert. Varianten in den Kalibern 9 mm Luger und .45 ACP folgten jedoch bald.

Als dann die Bundeswehr Anfang der 90er Jahre ihren Anforderungskatalog für eine neue Dienstpistole publizierte, war es für Heckler & Koch ein Leichtes, eine USP genau nach den Vorstellungen der Bundeswehr zum Auswahlverfahren einzureichen.

Erleichternd kam in diesem Falle hinzu, dass die USP ja als Polizeipistole konzipiert wurde und so bezüglich ihrer kompromiss-

sichern oder entspannen, macht der Rechtshänder dies mit seinem Daumen, der Linkshänder kann in dieser Situation (ohne die linke Hand vom Griff der Waffe zu nehmen) den Hebel auch mit der rechten Hand betätigen.

Der Magazinhalter ist bei der P8 am hinteren Ende des Abzugbügels jeweils auf beiden Seiten vorhanden und garantiert so eine beidseitige Bedienbarkeit. Beim Holstern oder Ziehen der Waffe kann dieser durch seine gute Lage nicht aus Versehen betätigt werden, so dass das Magazin nicht verloren gehen kann.

Die P8 im Anschlag. Dank des innovativen Innenlebens weist die Waffe einen sehr moderaten Rückstoß auf.

Das Griffstück

Das Griffstück besteht aus hochwertigem Polyamid, einem modernen Kompositkunststoff, und ist mit eingegossenen Glasfasern und Stahleinlagen verstärkt. Mag es für manchen Schützen auch eine „Sünde" sein, Waffen aus „Plastik" zu bauen, so weist Polyamid gegenüber Stahl oder Aluminium doch deutliche Vorteile auf. Sein leichtes Gewicht bei gleichzeitig hoher Festigkeit, seine Resistenz gegen Chemikalien und Korrosion sowie seine hohe Haltbarkeit bei einfacher Herstellung sprechen für diesen Kunststoff. Rekruten wissen die Tatsache, dass Polyamid nicht rosten kann, ebenso zu schätzen, wie der Soldat, der bei eisigen Temperaturen die Waffe handhaben muss.

An besonders beanspruchten Stellen wird der Kunststoff – um eine hohe Lebensdauer auch bei extremen Schussbelastungen zu garantieren – mit Einlagen aus hochwertigem, nichtrostendem Stahl verstärkt. Solche Einlagen befinden sich im Bereich des Schlittenfanghebels und am hinteren Ende des Griffstückes. Da die Kräfte des zurücklaufenden Schlittens zum Teil über den Schlittenfang-/Zerlegehebel auf das Griffstück übertragen werden, ist eine Stahleinlage hier sinnvoll. Sie dient gleichzeitig mit jeweils einer Schiene von 8 mm auf jeder Seite als vordere Schlittenführung. Die Achse des Abzugzüngels ist auch in der Einlage gelagert.

Am hinteren Ende des Griffstückes ist auf jeder Seite eine Stahleinlage im Griffstück integriert. Auch diese Einlagen dienen, links mit 4 mm und rechts mit 7 mm, als hintere Schlittenführung. Die Achsen der Abzugsteile und des Hahns lagern ebenfalls in den Einlagen. Auf der linken Seite ragt ein nach innen gekröpftes Teil der Einlage deutlich aus dem Griffstück heraus und nach oben in den Schlitten hinein. Es funktioniert als Ausstoßer.

Eine weitere Stahleinlage ist noch auf der Unterseite des Griffstückes vor dem Abzugsbügel zu finden. Diese hat jedoch keine tragende Funktion, sondern dient ausschließlich als „Nummernschild". Auf ihm befindet sich die Seriennummer der Waffe, die mit den Buchstaben Bw beginnt und von der 5-stelligen Seriennummer gefolgt wird.

Im Griffstück sind noch zwei weitere Achsen zu finden, die aber nicht in den Stahleinlagen gelagert sind, sondern nur im Kunststoff. Allerdings birgt dies keine Nachteile, da beide Achsen kaum belastet sind und somit ein Ausschlagen nicht zu befürchten ist. Die eine Achse in Form einer Spannhülse trägt den Magazinhalter sowie dessen innere Mechanik. Die zweite Achse, ein normaler Stift, fixiert den in das Griffstück integrierten Einsatz mit Fangriemenöse, der gleichzeitig das Gegenlager für die Hahnfeder darstellt.

Durch das hochentwickelte Spritzgussverfahren, das pro Griffstück keine drei Minuten dauert, wird auf der Vorder- und der Rückseite des Griffes eine Art Checkering im klassischen Quadratmuster bereits beim Spritzen angebracht. Die Seiten sind, ebenfalls durch die Spritzgussform, rau gehalten. Durch diese Maßnahmen wird der Griff der Waffe angenehm griffig und bietet auch bei nassen oder schmutzigen Händen sehr guten Halt.

Am unteren Ende ist auf beiden Seiten des Griffstückes mittig jeweils eine kleine Mulde zu finden. Sollte der Soldat im Eifer des Gefechtes beim Magazinwechsel das volle, neue Magazin in den Schmutz fallen lassen und dann dieses – ohne es zu reinigen – in den Magazinschacht schieben, kann es zu Problemen kommen, wenn er es später entnehmen will. In diesem Falle bieten die beiden Mulden eine gute Hilfe, das Magazin oberhalb des

Das klassische Quadratmuster auf Vorder- und Rückseite des Griffes gewährleistet auch mit feuchten oder schmutzigen Händen eine gute Griffigkeit der Waffe.

Bodens besser fassen und es aus dem Magazinschacht ziehen zu können.

Der Abzugsbügel der P8 ist auch größer ausgeformt als ein normaler Abzugsbügel. Da der Einsatz ja nicht nur im Sommer stattfindet, sondern auch im Winter, wenn der Soldat Handschuhe trägt, wurde der Bügel entsprechend größer dimensioniert. Vom vorderen Ansatzpunkt des Abzugbügels bis kurz vor das vordere Ende des Griffstückes befindet sich auf jeder Seite des Griffstückes eine 60 mm lange nutförmige Aufnahmeschiene. Diese dient der Montage von sogenanntem taktischem Zubehör wie Laser oder Lampe.

Das Innenleben der P8 beschränkt sich auf die Abzugsteile mit Sicherungs-/Entspannhebel und den Hahn. Der Sicherungs-/Entspannhebel hat zwei Stellungen. In der oberen, in der der Hebel parallel zum Rohr liegt, ist die Waffe feuerbereit, was durch ein kleines rotes „F" gekennzeichnet wird. Drückt man den Hebel rund 20 Grad nach unten, so rastet er in der durch ein weißes „S" gekennzeichneten gesicherten Stellung. In diesem Falle ist der Hahn blockiert, was die größtmögliche Sicherheit bietet, selbst wenn die Waffe aus großer Höhe auf einen harten Untergrund fallen sollte. Drückt man den Hebel um weitere 30 Grad über die gesicherte Stellung hinaus, wird der Hahn entspannt. Er schlägt in diesem Falle nach vorne, ohne jedoch den Schlagbolzen erreichen zu können. Letzterer ist bei Nutzung des Entspannhebels auch nicht freigegeben und somit noch einmal separat gesichert. Der Sicherungs-/Entspannhebel verbleibt beim Herunterdrücken jedoch nicht in dieser Stellung, sondern springt automatisch auf die gesicherte Stellung zurück.

Beim Abzug handelt es sich um einen Abzug mit konventioneller Single Action/Double Action-Charakteristik. Ist der Hahn entspannt, also in seiner vorderen Stellung, kann der Schütze, wenn die Waffe entsichert ist, durch einfaches Durchziehen des Abzuges den Schuss auslösen. Der Abzugsweg beträgt im Double Action-Modus 11 mm. Dabei ist eine Kraft von 50 Newton (rund 5 kg) zu überwinden. Da der Hahn beim Repetieren automatisch gespannt wird, können alle weiteren Schüsse im Single Action-Modus abgefeuert werden. Der Hahn steht dabei, weil vom Schlitten während der Repetierbewegung automatisch vorgespannt, in seiner hinteren Position. Der Schütze muss den Abzug nun nur um circa 6 mm durchziehen und dabei nur eine Kraft von 20 Newton (circa 2 kg) aufbringen.

Die rechte Seite der P8 weist außer dem beidseitigen Magazinhalter keine Bedienelemente auf.

Schnittzeichnung der P8.

Die P8 feldmäßig zerlegt.

Das Oberteil

So sehr man beim Griffstück auch auf Polymerkunststoff gesetzt hat, so wenig Kunststoff ist am Oberteil der Waffe zu finden. Der aus einem Schmiederohling gefräste Schlitten ist einfach und funktionell aufgebaut, wie es Kennzeichen der gesamten USP-Familie und sinnvoll für eine Dienstwaffe ist. Das Innenleben des 189 mm langen Schlittens besteht nur aus Auszieher und Schlagbolzen sowie den dazugehörigen Kleinteilen. Dies ist beim Schlagbolzen vor allem die Schlagbolzensicherung, die zugleich als Fallsicherung wirkt. Zieht der Schütze den Abzug der P8 ganz durch, so hebt sich unmittelbar vor dem Vorschnellen des Hahns im Griffstück ein kleiner Hebel, der die Fallsicherung hochdrückt. Nur jetzt ist der Schlagbolzen freigegeben und kann das Zündhütchen der Patrone überhaupt erreichen. Falls die Fallsicherung nicht durch den komplett durchgezogenen Abzug deaktiviert ist, kann der Schlagbolzen, selbst wenn die Waffe hart auf die Mündung fällt, nicht nach vorne schnellen und das Zündhütchen der Patrone erreichen. Dass dieses System unter allen Umständen sicher funktioniert, wurde in den Härtetests der Wehrtechnischen Dienststelle 91 des BWB ausgiebig geprüft.

Auf seiner Außenseite weist der Schlitten, der aus hochwertigem Waffenstahl (42 CrMo 4) gefertigt wird, auf beiden Seiten im hinteren Bereich acht Fingerrillen auf, die einen besseren, rutschfesten Griff beim Durchrepetieren von Hand garantieren. Der Schlitten ist nitrocarboniert und wird bei der Wärmebehandlung tiefschwarz oxydiert. Die Oberfläche ist so gegen äußere Einflüsse sehr korrosionsresistent. Selbst Kratzer führen aufgrund der speziellen Oberflächenbehandlung nicht zu Rost. Auf der Oberseite des Schlittens befindet sich die offene Visierung, bestehend aus einer Rechteckkimme mit zwei weißen Kontrastpunkten und einem Balkenkorn mit einem Kontrastpunkt. Beide sitzen in einer Schwalbenschwanzaufnahme. Seitliche Visierkorrekturen können durch Justieren der Kimmeneinheit oder des Korns durchgeführt werden; für Höhenkorrekturen muss das Korn ausgetauscht werden. In der Praxis ist dies jedoch nicht notwendig, da die Waffen ab Werk – gemäß den Vorgaben der Bundeswehr eingeschossen – geliefert werden.

Auf der linken Seite des Schlittens ist das Logo von Heckler & Koch zu finden, daneben die Bezeichnung P8. Diese beiden Inschriften wie auch die Kaliberbezeichnung 9 mm x 19, die den Abschluss der Beschriftungszeile bildet, sind graviert. Dies wird bereits während des Herstellungsprozesses durchgeführt. Das Abnahmezeichen des BWB, der stilisierte Adler im Quadrat mit den Buchstaben BWB sowie einer dreistelligen Nummer, gefolgt vom Jahr der Abnahme sowie der Waffennummer (Bw 12345), bilden den Mittelteil der Beschriftung. Diese Angaben werden am Ende des Produktionsprozesses, nach der Abnahme der Waffen durch die in Oberndorf stationierten Abnahmebeamten der Güteprüfstelle, mittels eines Lasers eingebrannt.

Zum Oberteil gehört auch das Rohr, das von der Rohröffnung des Schlittens geführt wird. Die P8 weist ein modifiziertes, weil kettenloses Verriegelungssystem nach Browning auf. Dieses System bietet neben einer hohen Präzision auch Vorteile beim Zusammenbau der Waffe, da kein Kettenglied positioniert werden muss. Erwähnenswert ist in diesem Zusammenhang auch der gemeinsame Rücklauf von Schlitten und Rohr beim Schuss. Über eine Strecke von 3,5 mm laufen Schlitten und Rohr zunächst aufgrund der

Dank der Visierung der P8 sind schnelle Treffer im Selbstverteidigungsfall möglich.

modifizierten Verriegelung zurück. Dann beginnt das Rohr durch die Steuerschrägen auf seiner Unterseite in Verbindung mit den Steuerschrägen am hinteren Ende der Federführungsstange und dem Zerlegehebel nach unten abzukippen und dabei die Waffe zu entriegeln. Der lange gemeinsame Rücklauf von Schlitten und Rohr bietet neben einer erhöhten Sicherheit für den Schützen auch Präzisionsvorteile und sorgt für einen geringfügig reduzierten Rückstoß.

Das Rohr selbst ist insgesamt 108 mm lang und weist sechs rechtsdrehende Züge auf. Die Länge des gezogenen Rohres beträgt 89 mm. Zwar stehen für die diversen Pistolen der USP-Familie auch Rohre mit polygonalem Profil zur Verfügung, die ebenfalls bei Heckler & Koch in Oberndorf hergestellt werden; die Bundeswehr präferierte aber für die P8 das normale Feld/Zug-Profil. Das ebenfalls wärmebehandelte und damit schwarze Rohr weist auf der rechten Außenseite des Patronenlagers in der oberen Zeile die Gravur des HK Logos sowie die Kaliberbezeichnung 9 mm x 19 auf. In der unteren Zeile wurde nach der Abnahme mittels Laser die Waffennummer hinter dem Kürzel „Bw" sowie das Abnahmezeichen des BWB gelasert.

Interessant ist noch die Feder der P8: Das hintere Ende der Federführungsstange dient ja in dieser Form der Browningverriegelung in seinem oberen Bereich als Gegenstück für die Steuerschrägen am Rohr unterhalb des Patronenlagers und in seinem unteren Bereich als Führung auf dem Schlittenfang-/Zerlegehebel. Auf der Federführungsstange sitzen zwei Federn. In beiden Fällen handelt es sich um Spiralfedern aus rundem Federstahl mit einer Stärke von 1,2 mm. Die beiden Federn liegen ineinander. Die Äußere hat, begrenzt durch die vordere Endplatte der Führungsstange ein Länge von 72 mm, die innere Feder jedoch nur eine Länge von 19 mm. Sie wird von einem verstifteten Ring auf der Stange an deren hinterem Ende arretiert. Während die äußere Feder den Rücklauf des Schlittens verzögert und diesen in der zweiten Hälfte des Repetiervorganges wieder nach vorne drückt, dient die innere Feder dazu, die Kraftspitzen beim Entriegeln des Schlittens und bei der Schlittenumkehr an seinem hinteren Totpunkt zu mildern. Der Schlittenaufschlag ist nämlich für die Auslenkung der Waffe stark mitverantwortlich, ebenso wie für den an die Hand des Schützen weitergegebenen Rückstoß. Zwar kann kein System der Welt die hier auftretenden Energien eliminieren, sie aber deutlich angenehmer verteilen. Und gerade die innere Feder sorgt für eine als angenehmer empfundene Verteilung der Rückstoßenergie. Durch dieses ausgeklügelte Zwei-Federsystem schießt sich die P8 nicht nur angenehm, es sind auch lange Serien ebenso problemlos möglich wie schnellere Schussfolgen.

An dieser Stelle soll auch das feldmäßige Zerlegen der Pistole P8 noch einmal kurz angesprochen werden: Nach dem Entnehmen des Magazins und der obligatorischen Sicherheitsüberprüfung muss man den Schlitten so weit zurückziehen, bis die Nut auf der linken Seite des Oberteils mittig über der Achse des Zerlegehebels steht. Nun kann man diesen leicht und ohne Werkzeug von der rechten Waffenseite her herausdrücken, um ihn dann von links vollends herauszuziehen. Nun kann man ohne weitere Schritte den Schlitten nach vorne abziehen und die Federführungsstange

Technische Daten

Bezeichnung:	Pistole P8
Hersteller:	Heckler & Koch GmbH, Oberndorf/Neckar
Kaliber:	9mm x 19 (9 mm Luger)
Funktionsprinzip:	Rückstoßlader mit verriegeltem Verschluss
Verschlusssystem:	modifiziertes Browningsystem mit Puffer
Schlitten:	Stahl, geschmiedet und gefräst, nitrocarboriert
Griffstück:	schwarzes Polyamid, glasfaserverstärkt mit Stahleinsätzen
Magazin:	durchsichtiges Polyamid mit Stahleinsatz
Länge:	194 mm
Breite:	32 mm
Höhe:	136 mm
Lauflänge:	108 mm
Drall:	6 rechtsdrehende Züge, 250 mm / 1 in 10"
Visierlänge:	158 mm
Griffwinkel:	107°
Gewicht (leer):	770 g
Gewicht (geladen):	950 g
Abzugskraft:	50 N in Double Action (ca. 5 kg)
	20 N in Single Action (ca. 2 kg)
Magazinkapazität:	15 Patronen

sowie das Rohr entnehmen. Der Zusammenbau erfolgt ebenso einfach und schnell in umgekehrter Reihenfolge.

Der Zerlegehebel dient gleichzeitig auch als Schlittenfanghebel. Nachdem der letzte Schuss aus dem Magazin in das Patronenlager repetiert wurde, wird der Hebel aufgrund einer kleinen Nase, die seitlich in das Magazin hereinragt, vom speziell geformten Zubringer nach oben gedrückt. Fährt der Schlitten bei der Abgabe des letzten Schusses dann nach hinten, drückt die Magazinfeder über den Zubringer den Schlittenfanghebel nach oben. Dessen Rastnase fängt dann den wieder nach vorne gleitenden Schlitten in der offenen Position. Dies hat den Vorteil, dass der Schütze optisch sofort erkennt, wann sein Magazin leer geschossen ist. Würde der Schlittenfanghebel den Schlitten bei leerem Magazin nicht fangen, so würde der Soldat erneut abdrücken, obwohl sich keine Patrone mehr in der Waffe befindet. Aufgrund des Schlittenfanghebels merkt der Soldat also schneller, dass er das Magazin wechseln muss. Auch der nun folgende Magazinwechsel geht dank des Schlittenfanghebels deutlich rascher: Nach dem Einsetzen eines neuen, vollen Magazins muss der Schütze nämlich nur den Schlittenfanghebel nach unten drücken, wodurch der Schlitten freigegeben wird und nach vorne schnellen kann. Dabei wird dann automatisch die oberste Patrone aus dem neuen Magazin zugeführt. Der Soldat ist so im Ernstfall schneller wieder schussbereit, was unter Umständen über Leben und Tod entscheiden kann.

Das Magazin

Beim Magazin ist den Entwicklern von Heckler & Koch ebenfalls eine sehr sinnvolle – weil praktische – Lösung gelungen. Das 15 Patronen fassende Magazin wird aus halbdurchsichtigem Komposit-Kunststoff hergestellt. Dieser ist von den Eigenschaften her dem für das Griffstück verwendeten Kunststoff nicht unähnlich, bietet aber darüber hinaus dank seiner milchigen Farbe die Möglichkeit, optisch den Füllstand des Magazins zu kontrollieren. Gerade im Stress des Einsatzfalles ist dies eine wichtige Eigenschaft. Bei herkömmlichen Magazinen findet man auf einer Seite oder der Rückwand des Magazins einzelne Bohrungen. Um den Füllstand zu kontrollieren, muss man diese Magazine daher oft in der Hand drehen, um einen Blick auf die Kontrollöffnungen werfen zu können, die einen Blick in das Innenleben und auf den Füllstand des Magazins erlauben. Vor allem bei schlechten Lichtverhältnissen ist dies dann oft nur schwer möglich.

Hingegen kann man beim Magazin der P8 von allen Seiten und ohne das Magazin in irgend einer Weise drehen zu müssen, den Füllstand erkennen. Selbst bei schlechten Lichtverhältnissen ist das Material noch durchsichtig genug, um den Füllstand zu erkennen.

Ein weiterer Vorteil des Kunststoffmagazins liegt in seinem geringen Gewicht. Im Vergleich zu einem herkömmlichen Metallmagazin gleicher Kapazität ist es nur knapp halb so schwer. Ähnliches gilt ja auch für das Griffstück, das gegenüber einem vergleichbaren Stahlgriffstück ebenfalls deutlich leichter ist. Und wenn man als Soldat die Waffe zusätzlich zur übrigen, nicht gerade leichten Ausrüstung den ganzen Tag tragen muss, so zählt jedes Gramm.

Der einzige Nachteil des verwendeten Kunststoffes liegt in seiner Härte. Es dürfte klar sein, dass selbst moderne Kunststoffe – sosehr sie in manchen Eigenschaften selbst hochwertigen Stählen überlegen sind – in anderen doch nicht an diese heranreichen. Daher ist das Magazin der P8 in seinem oberen Bereich durch eine 45 mm lange Stahleinlage verstärkt. Diese umgibt das Magazin seitlich und von hinten im kritischen Bereich der Magazinlippen. Um den

Kräften, die durch den repetierenden Schlitten hier auftreten, dauerhaft standzuhalten, werden die Patronen durch die Stahleinlage geführt, die die Magazinlippen darstellen. Die Stahleinlage wird bei der Herstellung des Magazins bereits mit eingespritzt und ist somit integraler Bestandteil des Magazins.

muss die P8 weder schön aussehen und noch die Präzision einer Sportpistole haben. Sie muss vielmehr eine brauchbare Präzision selbst unter widrigsten Umständen, gepaart mit kompromissloser Funktionssicherheit aufweisen. Diese Bedingungen erfüllt die P8 und darüber hinaus erfüllt die neue Pistole ihre

Das Magazin der P8 fasst 15 Patronen. Dank des halbdurchsichtigen Kunststoffes ist der Füllstand des Magazins jederzeit leicht zu kontrollieren.

Mit der P8 lassen sich sowohl im beidhändigen wie auch im einhändigen Anschlag leicht gute Treffer erzielen.

Neben der Stahleinlage besteht nur die Magazinfeder noch aus Metall. Der Boden, der Federteller sowie der Zubringer bestehen aus hochwertigem Kunststoff.

Zerlegt wird das Magazin, indem man, wie bei den meisten Magazinen, durch ein Loch im Boden den Federteller der den Boden arretiert, nach oben drückt, um dann den Boden nach vorne vom Magazinkörper abzuziehen. Der Federteller, die Feder und der Zubringer können dann direkt entnommen werden. Eine Reinigung ist damit, auch im Felde, leicht möglich. Anzumerken wäre hier nur, dass die Wehrdienstleistenden das Magazin der P8 weniger schätzen werden: Beim Waffenreinigen sieht man auf dem hellen, milchigen Kunststoff des Magazinkörpers etwaige Schmauchreste, die nicht beseitigt wurden, nämlich sehr gut.

Zusammenfassung

Für den Sportschützen mag es schönere oder präzisere Pistolen als die P8 geben, aber man muss sich immer vor Augen halten, für welchen Zweck die P8 entwickelt und gebaut wurde; und als Dienstpistole der Bundeswehr

Aufgabe durch einfache, stresssichere Bedienbarkeit sowie ihre hohe Sicherheit perfekt. Darauf aber kommt es für unsere Soldaten, die im Einsatz eine Pistole zur Selbstverteidigung führen, schließlich an.

Neue Aufgaben fordern neue Lösungen: Das gilt bei friedenserhaltenden und friedensschaffenden Einsätzen der Bundeswehr nicht nur für Hunde sondern auch für neue Waffen wie das G22.

3

Scharfschützengewehr G22

Mit höchster Präzision
Das Scharfschützengewehr G22

**Im Zuge ihrer veränderten Aufgaben rüstet die Bundeswehr ihre Soldaten zum ersten Male mit einem echten Scharfschützengewehr, dem G22, aus.
Ein großer Schritt in der Bewaffnungsgeschichte der Bundeswehr.**

Die Wirksamkeit von Scharfschützen wurde im ersten und zweiten Weltkrieg oftmals unter Beweis gestellt. Aus dem Vietnamkrieg existiert sogar eine Statistik der US-Armee, die besagt, dass normale Soldaten weit mehr als 10000 Schuss abgaben, um einen gegnerischen Soldaten außer Gefecht zu setzen, wohingegen ein Scharfschütze nur wenig mehr als einen Schuss benötigt.

Dennoch hat man oft das Gefühl, dass die Scharfschützen zu einer eher recht stiefmütterlich behandelten Gattung Soldat zählen. So auch in der Bundeswehr, wo das normale Sturmgewehr G3 einfach mit einem Zielfernrohr ausgerüstet und damit zum Scharfschützengewehr erklärt wurde. Zwar konnte damit die Treffwahrscheinlichkeit auf größere Distanzen gegenüber der offenen Visierung deutlich erhöht werden, aber sowohl die Waffe wie auch die Patrone bieten nicht das Potential das man heute von einer einsatztauglichen Scharfschützenwaffe erwartet. Hinzu kommt, dass sich die Konflikte seit dem Zerfall des Warschauer Paktes deutlich geändert haben. Es ist glücklicherweise heute eher unwahrscheinlich, dass die Bundeswehr das Gebiet der Bundesrepublik in einem großen territorialen Krieg gegen das Eindringen einer feindlichen Macht verteidigen muss. Dafür wird die Bundeswehr des 21. Jahrhunderts verstärkt weltweit an

Das G22 von seiner linken Seite. Gut ist hier die maximale Verstellbarkeit der verschiedenen Komponenten, wie Schulterstütze oder Backenauflage, zu erkennen. So kann die Waffe perfekt an den Schützen angepasst werden.

3

friedenserhaltenden oder friedensschaffenden Missionen im Rahmen eines UN- oder Nato-Einsatzes teilnehmen. Und wie die Erfahrungen aus Somalia oder dem ehemaligen Jugoslawien zeigen, erfordern diese Einsätze ein deutliches Umdenken. Es ist hier oft nicht mehr der offen auftretende Feind, sondern eine neuartige Form des Guerilla-Krieges, der die westlichen High-Tech-Armeen an ihre Grenzen stoßen lässt. Daher erfolgt in der Bundeswehrführung, auch in Anbetracht der Erfahrungen der Verbündeten, ein schnelles Umdenken, was Taktik aber auch Ausrüstung und Waffen für solche Einsätze angeht. Wird z. B. ein Konvoi durch feindliche Heckenschützen beschossen, kann man innerhalb eines urbanen Szenarios nicht einfach aus vollen Rohren zurückschießen. Während sich früher nur die gegnerischen Armeen auf den Schlachtfeldern gegenüberstanden, finden die Schusswechsel bei heutigen Einsätzen vermehrt auch in Städten und dicht bewohnten Gebieten statt. Und in diesem Falle verbietet der Grundsatz der Verhältnismäßigkeit zum Schutze der Zivilbevölkerung eine Antwort aus allen Rohren. Als Lösung aus diesem Dilemma bot sich das „Waffensystem"

G22 beim Truppenversuch.

Je nach Auftrag und Lage übernehmen die Scharfschützen (unten im Bild rechts) einen wichtigen Part. Oft kann ein gut gezielter Schuss eines Scharfschützen durchaus entscheidend sein.

Tarnung ist alles. Da ein enttarnter Scharfschütze ein toter Scharfschütze ist, setzt die Bundeswehr in ihrer Ausbildung im Bereich Tarnung einen Schwerpunkt. Um die Konturen des Schützen zu verwischen, gibt es Spezialanzüge wie den hier abgebildeten Ghilie-Suit. Im Einsatz wird selbstverständlich auch die Waffe getarnt. Gut zu erkennen ist das ebenfalls noch ungetarnte Beobachtungsglas mit integriertem Entfernungsmesser.

Scharfschütze an, das durch einen einzigen Schuss solche Situationen gut bereinigen kann, ohne dabei Unbeteiligte zu gefährden. Darüber hinaus ist ein gut ausgebildeter und trainierter Scharfschütze die beste Waffe gegen feindliche Scharfschützen, die häufig – wie im ehemaligen Jugoslawien zu beobachten – unter der Zivilbevölkerung Angst und Schrecken verbreiten und natürlich auch Leben und die Gesundheit der dort eingesetzten Soldaten bedrohen.

Diese Anforderungen führten zu einem schnellen Reagieren der Bundeswehrführung. Um den Bedarf der Truppe baldmöglichst und effektiv zu decken, schrieb man keine Neuentwicklung aus, sondern wählte unter den am Markt befindlichen Waffen in mehreren Testrunden das beste Gewehr aus. Dazu mögen auch die Erfahrungen der Vergangenheit mit Neuentwicklungen beigetragen haben, da diese nicht immer das gewünschte Ergebnis brachten. Als Sieger der Ausschreibung, an der sich auch die deutschen Firmen Mauser, ERMA und Keppeler beteiligt hatten, ging die englische Firma Accuracy International Ltd. aus Portsmouth in England nach den Testrunden hervor.

Das Gewehr wurde daraufhin unter der Katalognummer G22 bei der Bundeswehr eingeführt. Für die Deckung des kurzfristigen Bedarfes der im Jahre 97 in Bosnien stationierten SFOR-Truppen sowie für das KSK (Kommando Spezialkräfte) in Calw wurden insgesamt 58 Gewehre vor der eigentlichen Lieferung beschafft und unter der Bezeichnung G23 eingeführt (8 der Waffen tragen allerdings keine G-Bezeichnung). Bei diesen Waffen handelt es sich um Serienwaffen von Accuracy International, das G22 hingegen weist diesen gegenüber diverse kleine Änderungen, die den Wünschen der Bundeswehr entsprechen, auf.

Der Daumenlochschaft mit dem steilen Pistolengriff garantiert einen stabilen Anschlag. Interessant ist der nach hinten gekröpfte Kammerstengel. Im Bereich des Scharniers für den umklappbaren Hinterschaft ist auf der rechten Waffenseite auch eine der Riemenbefestigungen zu finden. Im Bereich des Pistolengriffes ragen zwei Druckknöpfe aus dem Hinterschaft. Der vordere dient zum Lösen der Arretierung, wenn man den Hinterschaft umklappen will, der hintere dient zur Höhenverstellung der Backenauflage.

Das Konzept des G22

Das G22 ist ein mehrschüssiges Repetiergewehr im Kaliber .300 Winchester Magnum mit Zielfernrohr, Zweibein und optionalem Nachtsichtvorsatz sowie Schalldämpfer. Es ist für Schüsse auf Mannziele bis 800 Meter konzipiert; taktische Ziele wie Radaranlagen, Hubschrauber oder ungepanzerte Fahrzeuge können auch auf deutlich größere Entfernungen noch erfolgreich bekämpft werden. Gemäß den Einsatzgrundsätzen für Scharfschützen wird das G22 primär im defensiven/reaktiven Bereich eingesetzt; unter bestimmten Situationen ist jedoch auch ein offensiver Einsatz vorgesehen.

Um bei einer gegebenenfalls notwendigen Feldinstandsetzung flexibel zu sein, sind die einzelnen Komponenten der Waffe untereinander austauschbar. So kann der Waffenmeister Ersatzteile ohne jegliche Anpassungsarbeiten einbauen. Selbst das Kannibalisieren einer Waffe (um aus zwei defekten eine funktionstüchtige zu machen) ist so leicht möglich. Dies mag zwar bei normalen Sturmgewehren eine Selbstverständlichkeit sein, bedarf bei höchstpräzisen Waffen aber eines hohen fertigungstechnischen Aufwandes und der entsprechenden Kenntnisse.

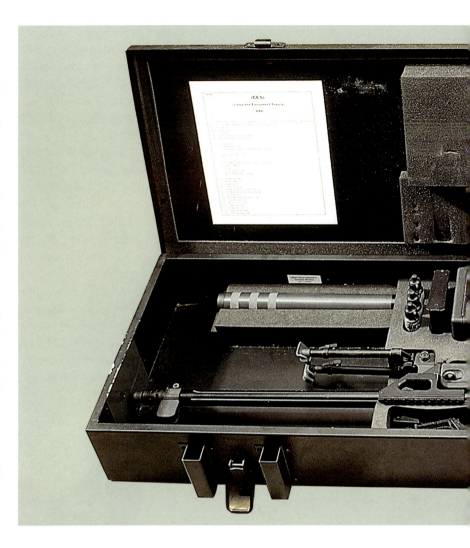

Das System

Es hat sich erwiesen, dass Repetiergewehre gegenüber Halbautomaten bezüglich der maximal erreichbaren Präzision Vorteile aufweisen. Daher ist es nur konsequent, den scheinbaren Rückschritt zu einem Repetiergewehr zu machen. Im Gegensatz zu einem normalen Soldaten gibt ein Scharfschütze (außer in besonderen Situationen) nur einen, höchstens zwei Schuss ab. Die Stärke des Scharfschützen liegt in seiner Tarnung und gerade die würde er durch zu viele Schüsse aus einer Stellung verraten. So ist die Ausführung des G22 als Repetiergewehr gemäß den Einsatzanforderungen eines Scharfschützen sinnvoll.

Das G22 verfügt über einen konventionellen Zylinderverschluss mit sechs Verriegelungswarzen, die in zwei hintereinander liegenden Reihen zu je drei Warzen angeordnet sind. Der Verschluss weist an den entsprechenden Stellen spezielle Einfräsungen auf, die ein Festfrieren im Winter, falls Wasser eindringen sollte, verhindern. Auch gegen Störungen, die durch eindringenden Schmutz hervorgerufen werden können, wirken diese Fräsungen vorbeugend.

Auffällig am Verschluss ist die ungewöhnliche Formgebung des Kammerstengels. Dieser steht nicht rechtwinklig ab wie bei herkömmlichen Repetiergewehren, sondern ist nach hinten gebogen. Dies erhöht die Kontur der Waffe nicht und bietet darüber hinaus den Vorteil, dass der kugelförmige Griff des Kammerstengels für den Repetiervorgang günstig zur Hand liegt. Zum Repetieren muss der Schütze den Kammerstengel um 60 Grad nach oben bewegen, bis die Verriegelungswarzen das Zurückgleiten des Verschlusses erlauben.

Ist die Waffe gespannt, tritt aus dem hinteren Ende des Verschlusses das Ende des Schlagbolzens aus, um dem Schützen so eine optische und bei Dunkelheit tastfähige Kontrolle über den Zustand des Verschlusses zu geben. Der Schlagbolzen selbst weist einen Weg von 6 mm auf. Dies ist ein Mittelweg zwischen Zündsicherheit und Zündverzögerung.

Zwar beinhaltet der zum Lagern und Transportieren des G22 zu Verfügung stehende Koffer einerseits alles, was der Scharfschütze braucht, andererseits aber ist er recht sperrig. Er beinhaltet neben diversen Ersatzmagazinen, Öl, Putzzeug und Putzstock die Waffe mit allen Anbauteilen. Der Schalldämpfer muss, damit die Waffe in den Koffer passt, zuvor abgenommen werden. Das für die durch den Bediener durchzuführenden Pflege und Wartungsarbeiten notwendige Werkzeug findet im

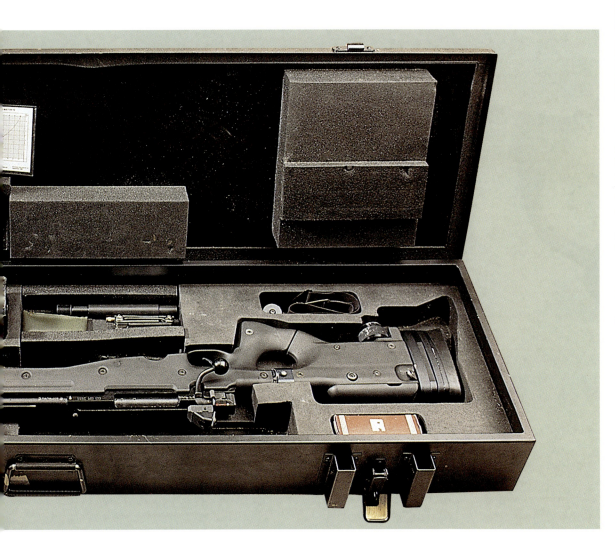

Koffer ebenso Platz, wie das Flimmerband und die Schusstabellen. Im Einsatzfall kann der Scharfschütze auch auf ein spezielles Gewehrfutteral in Form einer Tragehülle zurückgreifen, mit der er die Waffe vor Ort transportieren kann.

Das einsatzbereite G22. Der Erdsporn, der als Gegenlager zum Zweibein für einen stabilen Anschlag beim Beobachten dient, ist ebenso leicht zu verstellen wie die Beine des Zweibeins. Direkt über dem Zweibein ist die Aufnahmeschiene für den Nachtsichtvorsatz zu erkennen. Auch die diversen Riemenösen, insgesamt fünf auf der rechten Waffenseite sind hier gut zu sehen.

Ein zu kurzer Schlagbolzenweg reicht unter ungünstigen Umständen nicht aus, um das Zündhütchen der Patrone mit der notwendigen Energie zu erreichen, ein zu langer Schlagbolzenweg setzt die Präzision der Waffe herab.

Ebenfalls am hinteren Ende des Verschlusses ist die Sicherungseinrichtung integriert. Das Sicherungsgehäuse, auf dessen rechter Seite der Hebel liegt, ist etwas größer dimensioniert als der eigentliche Verschluss. Der Sicherungshebel weist drei Stellungen auf: die vordere steht für entsichert, in der mittleren ist der Schlagbolzen blockiert und zurückgezogen und in der hinteren ist darüber hinaus der Verschluss in geschlossener Stellung blockiert. Durch den gebogenen Kammerstengel ist die Sicherung gut vor einer unbeabsichtigten Betätigung geschützt, wie es z. B. beim Gleiten durch das Gelände zum Erreichen der Schießstellung möglich wäre. Dennoch ist der Hebel leicht mit dem Daumen der Schusshand in die entsicherte Stellung zu drücken. Zur optischen Kontrolle sind die beiden Endstellungen der Sicherung farblich mit einem roten Punkt für „Entsichert" und einem weißen Punkt für „Gesichert" markiert.

Der Abzug

Darüber, wie der Abzug eines Präzisionsgewehrs von seiner Charakteristik her beschaffen sein sollte, gibt es unterschiedliche Meinungen. Tatsache ist, dass ein den Umständen angepasster Abzug sehr großen Einfluss auf die Präzision der Waffe hat. Dass ein zu schwerer Abzug unter allen Umständen inakzeptabel ist, dürfte klar sein. Aber auch ein zu leichter Abzug ist nachteilig. Viele Sportschützen, die auf dem Schießstand in aller Ruhe auf große Distanzen trainieren, bevorzugen einen leichten Abzug. Im Ernstfall, unter dem Stress von feindlichem Beschuss, Lärm und bei einem Pulsschlag, der selbst bei abgebrühten Scharfschützen deutlich oberhalb der Werte eines Sportschützen liegen dürfte, ist ein zu leichter Abzug eine Gefahr für den Schützen selbst. Der Abzug des G22 liegt daher bei 17 Newton. Seine Charakteristik ist kurz und trocken, wie man es von einer solchen Waffe erwartet. Für individuelle Anpassungen des Schützen kann über eine kleine Imbusschraube das Abzugsgewicht ebenso verändert werden wie der Vorzugsweg über eine zweite Schraube.

Das Rohr

Um die ballistischen Leistungen der im G22 verwendeten Patrone 7,62 mm x 67 (siehe Abschnitt Munition) entsprechend umzusetzten, verfügt das G22 über ein 66 cm langes Rohr. Dies ist in der Verschlusshülse gelagert und liegt sonst vollkommen frei, um ein optimales Schwingungsverhalten beim Geschossdurchgang zu garantieren. Die Rohrlänge, die einerseits für die hohe Präzision der Waffe notwendig ist, bringt andererseits einiges Gewicht mit sich. Da dies für den Scharfschützen, der sich ja unbemerkt seiner Schießstellung nähern

Ungewöhnlich sieht der nach hinten gebogene Kammerstengel des G22-Verschlusses schon aus. Er ist aber mit der Hand gut und schnell zu erreichen und steht nicht weit von den Konturen der Waffe ab. Letzteres hat sich vor allem bei der Bewegung in die Stellung und aus der Stellung bewährt. Die Sicherung liegt auf der rechten Seite des Sicherungsgehäuses am Ende des Verschlusses und hat drei Stellungen: Rot/Vorne = Entsichert, Mitte/ohne Markierung = Schlagbolzen gesichert, Verschluss frei, Weiß/Hinten = Schlagbolzen gesichert, Verschluss gesperrt.

muss, von Nachteil ist, weist das Rohr sechs Kehlungen auf. Diese beginnen vor dem Übergangskegel und enden kurz vor der Mündung. Neben einer Reduzierung des Gewichtes vergrößern die Kehlungen damit die Oberfläche des Rohres und sorgen so für eine bessere Wärmeabstrahlung. Sie stellen zwar keine Kühlrippen im eigentlichen Sinne dar, dennoch kann eine wärmebedingte Treffpunktverlagerung so erfolgreich vermieden werden.

Von Innen weist das Rohr das klassische Feld-Zug-Profil auf. Vier Züge mit einer auf das Geschossgewicht abgestimmten Dralllänge von 1 in 11" beziehungsweise 280 mm stabilisieren das Geschoss für seine Flugbahn optimal.

Auf die Mündungspartie des Rohres wird ein Mündungsaufsatz aufgeschoben und mittels einer integrierten Imbusschraube festgeklemmt. Diese Aufsatz erfüllt drei Aufgaben: Erstens weist der Aufsatz an seinem vorderen Ende ein Gewinde auf, das zur Aufnahme des vom Hersteller mitgelieferten Schalldämpfers dient. Dies erscheint auf den ersten Blick unsinnig, da für das G22 nur Überschallmunition vorgesehen ist. Nur bei Unterschallmunition kann ein Schalldämpfer seine Wirkung entfalten. Dennoch leistet der einfache Kammerdämpfer im Ernstfall aus zwei Gründen gute Dienste. Erstens ist ein Schalldämpfer, auch bei Verwendung von Überschallmunition, ein sehr guter Mündungsfeuerdämpfer. Gerade wenn der Scharfschütze allein oder aus vorgeschobener Stellung schießen muss, ist sein Mündungsfeuer vom Gegner leicht auszumachen und eine Bekämpfung des Scharfschützen möglich. Noch größer wird das Risiko, sich durch sein eigenes Mündungsfeuer zu verraten, vor allem in der Dämmerung oder bei Nacht. Zum anderen verändert, moduliert der Schalldämpfer den Schussknall. Und auch dies bedeutet Sicherheit für den Scharfschützen. Es mag zwar unmöglich sein, im allgemeinen Gefechtslärm einen Schützen akustisch zu ordnen, auf einen alleine oder aus einer vorgeschobenen Stellung schießenden Scharfschützen trifft dies jedoch nicht zu. Gerade in solchen Fällen schützt die Streuung des Schussknalls durch den Schalldämpfer den Scharfschützen vor Entdeckung.

Die zweite Aufgabe des Mündungsaufsatzes bewerkstelligen 11 kleine Bohrungen von 4,5 mm Durchmesser. Diese sind in zwei Reihen von einmal fünf und einmal sechs Bohrungen hintereinander angeordnet. Die Bohrungen sitzen von oben gesehen zu jeder Seite in einen Winkel von 0, 20, 40, 60, 80, und 110 Grad. Damit wirken die Bohrungen wie Kompensatoren, die ja im Sportschießen wie in der Artillerie zu Einsatz kommen. Neben der Tatsache, dass durch diese Bohrungen die Waffe deutlich weniger im Schuss springt und auch der Rückstoß geringer ausfällt, hat die Umlenkung der das Geschoss treibenden heißen Gase noch eine weitere Wirkung. Liegt der Scharfschütze beim Schuss, so können vor der Mündung Staub oder andere lose Partikel aufgewirbelt werden, die den Schützen verraten könnten.

Der aufgeschraubte und mittels einer Imbusschraube auf die Mündung geklemmte Mündungsaufsatz erfüllt drei Aufgaben: Er ist Träger des Notkorns, dient über die Bohrungen als Kompensator und nimmt über das vordere Außengewinde den Schalldämpfer auf.

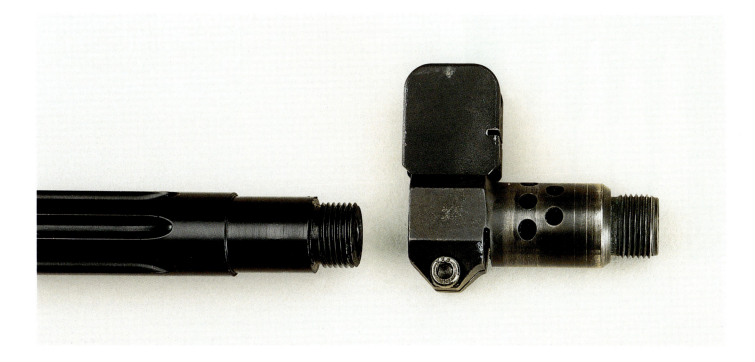

Die dritte Aufgabe des Mündungsaufsatzes ist das Tragen des Notkorns (siehe auch das Kapitel Notvisierung). Oberhalb der Klemmung dient der Aufsatz nämlich als Träger des Notkorns, das zum Einsatz kommt, falls das primär verwendete Zielfernrohr einmal ausfallen sollte.

Das Magazin

Das G22 verfügt über ein nach unten aus dem Schaft herausstehendes einreihiges Kastenmagazin mit einer Kapazität von fünf Schuss. Es besteht die Möglichkeit, nach dem Laden der Waffe das Magazin herauszunehmen und den fehlenden Schuß zu ergänzen, was eine Kapazität von sechs Schuß ergibt. Mag eine solche Kapazität auf den ersten Blick im Anbetracht der sonstigen Magazine (30 Schuss Kapazität beim G36) auch als unzeitgemäß gering erscheinen, so gilt es aber auch in diesem Falle die Einsatzbedingungen eines Scharfschützen zu bedenken. Außer in Ausnahmefällen wird kein Schütze mehr als einen Schuss auf einmal abfeuern. Zu groß wäre das Risiko der Entdeckung. Und vor dem nächsten Schuss gilt es, aus einer ausreichenden Deckung heraus sorgfältig zu beobachten. Ein große Magazinkapazität ist damit wirklich nicht notwendig.

*Wenn der Hinterschaft auf die linke Seite der Waffe umgeklappt wird, verkürzt sich die Gesamtlänge um 25 cm. Dies ist beim Annähern an eine Feuerstellung unter beengten räumlichen Verhältnissen durchaus von Vorteil.
Der Hinterschaft arretiert dabei auf einem kleinen Nippel auf der linken Seite des Schaftes oberhalb des Abzuges.*

Der Schaft

Konstruktiv besteht der Schaft aus zwei Hälften, die von rechts beziehungsweise links auf das zentrale, die Verschlusshülse tragende Trägerelement gesteckt und durch sechs Schrauben miteinander verschraubt werden. Dass der Schaft nur mit dem Trägerelement verbunden ist, ist sinnvoll, da so das

Da beim Scharfschützen nur Qualität zählt und nicht Masse, reicht ein einreihiges Magazin mit 5 Schuss Kapazität vollkommen aus.

86

Rohr frei schwingen kann. Präzisionswichtige Einbauten und Anbauten wie die Zweibeinaufnahme oder die Aufnahme für den Nachtsichtvorsatz sind durch den Schaft am Trägerelement befestigt. Der klappbare Hinterschaft, der Backenauflage, Bodenplatte und Erdsporn beinhaltet, ist ebenfalls aus zwei Hälften aufgebaut.

Aus konstruktiven und Stabilitätsgründen verfügt das G22 über einen Pistolengriff mit Daumenloch. Die obere Verbindung des Schaftes im Bereich des Daumenloches ist das Scharnier, an dem der Hinterschaft mit dem vorderen Schaft verbunden ist. Auf der rechten Seite des Scharniers ragt ein kleiner Druckhebel aus diesem heraus. Wird dieser Hebel eingedrückt, so kann man den Hinterschaft nach links umschwenken und an den Schaft heranklappen. Mittels eines kleinen Nippels, der unterhalb der Backenauflage auf der linken Seite des Hinterschaftes liegt, arretiert dieser dann in einer korrespondierenden Bohrung oberhalb des Abzuges. Somit kann man das G22, falls es die Situation erfordert, von 124,5 cm (Gesamtlänge mit Mündungsvorsatz ohne Schalldämpfer) um 25 cm auf exakt 99,5 cm verkürzen.

Der Schaft einer Waffe ist für die Präzision von entscheidender Bedeutung. Daher weist das G22 auch einen hervorragend an den einzelnen Schützen anpassbaren Schaft auf. So ist das Bodenstück durch Ziehen der gummierten Schaftkappe nach hinten auf durch Nuten vorgegebene Positionen in der Höhe verstellbar, was für den Liegendanschlag sinnvoll ist. In der Länge ist das Bodenstück um insgesamt 24 mm ausfahrbar, wobei auch diverse Zwischenpositionen möglich sind. Dafür sorgt eine Raststange, die als zentraler Träger des Bodenstückes dient. Eine zweite Stange im unteren Bereich des Bodenstückes sogt für zusätzliche Stabilität. Ein federgelagerter Knopf auf der linken Seite des Hinterschaftes direkt vor dem Bodenstück dient zur Arretierung der Raststange. Es ist sinnvoll, eine einfache und schnelle Verstellbarkeit des Bodenstückes und auch der Backenauflage durch solche Knöpfe zu ermöglichen, da je nach Anschlag, und hier ist der Scharfschütze auf die vorhandenen Gegebenheiten angewiesen, mal im Sitzen, mal im Liegen und auch aus diversen anderen Positionen geschossen werden muss. Hierbei jeweils den Schaft optimal an den Schützen anzupassen, ist sinnvoll und durch die federbelasteten Knöpfe leicht möglich.

Der Knopf für die Verstellung der Backenauflage liegt auf der rechten Seite des Hinterschaftes direkt unter der Backenauflage. Dank des Aufbaus analog zum Bodenstück kann sie auch in diversen Positionen gerastet werden. Insgesamt kann man die Backenauflage um 28 mm nach oben ausfahren. Neben der Raststange verfügt die Backenauflage über zwei Führungsstangen, die optimale Stabilität garantieren. Für das Beobachten des Zieles auf größere Distanzen durch das Zielfernrohr ist eine stabile Auflage unerlässlich. Daher ist in den Hinterschaft ein Erdsporn integriert, der in Verbindung mit den Zweibein eine stabile Dreipunktauflage bildet. Dieser ist über ein Feingewinde ein und ausfahrbar. Es sollte jedoch nicht vom Erdsporn geschossen werden. Dies wird zwar immer wieder getan, ist aber falsch. Der Erdsporn dient lediglich als Auflage während der Beobachtungsphase. Zum Schiessen soll das Gewehr aus dieser Ruhestellung heraus etwas angehoben und – bei Benutzung des Zweibeins – gegen das Zweibein gedrückt werden.

Das G22, und dies ist im Vergleich zu anderen Gewehren erstaunlich, verfügt über insgesamt sieben Riemenösen. Drei davon sitzen am vorderen Ende des Handschutzes, jeweils recht, links und unter dem Schaft. Eine weitere Öse sitzt am hinteren Ende des Handschutzes kurz vor dem Magazinschacht. Die fünfte Öse sitzt auf der rechten Waffenseite als Bestandteil des Scharniers zum Umklappen des Hinterschaftes. Die beiden letzten Riemenösen befinden sich jeweils in der oberen Ecke des Hinterschaftes kurz vor dem Bodenstück. Aufgrund dieser durchdachten Anordnung eröffnen sich diverse Möglichkeiten der Riemenbefestigung. Je nach Anforderung kann auch ein spezieller Schießriemen oder ein doppelter Trageriemen für die Biathlontrageweise befestigt werden.

Die Schaftanbauten

Um im Zusammenspiel mit dem Erdsporn im Hinterschaft eine stabile Auflage der Waffe zu garantieren, verfügt das G22 über ein Zweibein. Aus Präzisionsgründen sollte der Scharfschütze – wann immer möglich – aus liegender Position mit aufgelegter Waffe schießen. Während auf Schießständen Sandsäcke zu Verfügung stehen, muss im Ernstfall das Zweibein herhalten. Dieses ist im Lieferumfang der

Waffe enthalten. Es wird über einen Dorn, der in einer Buchse am vorderen Endes des Handschutzes arretiert, an der Waffe befestigt. Zwar ist es abnehmbar, sollte jedoch aus genannten Gründen immer an der Waffe verbleiben. Damit es beim Transport nicht stört sind die Beine nach vorne unter das Rohr oder nach hinten unter den Schaft klappbar.

Die Beine sind noch einmal einzeln ausziehbar und rasten in verschiedenen Positionen. Dadurch kann der Scharfschütze auch bei unebenem Untergrund für einen nivellierten Anschlag sorgen. Für eine optimale Feinjustierung ist die Waffe gegenüber dem Zweibein auf dem Dorn des Zweibeins seitlich kippbar.

Interessant ist die Montage des Nachtsichtvorsatzes gelöst. Ähnlich wie das G36 verfügt auch das G22 über einen Nachtsichtvorsatz (siehe auch Kapitel Nachtsichtvorsatz). Dieser wird vor dem Objektiv des Zielfernrohres montiert, was eine besondere Montage erforderlich macht. Je niedriger das Zielfernrohr über dem Lauf montiert ist, desto geringer ist der Einfluss von Verkantungsfehlern. Dies birgt aber im Zusammenspiel mit einem Nachtsichtvorsatz Probleme, da dessen Objektiv aus leistungstechnischen Gründen einen möglichst großen Durchmesser aufweisen sollte. Würde man den Nachtsichtvorsatz in herkömmlicher Weise montieren, so könnte man diesen aufgrund der Eigenhöhe der Montage nicht tief genug vor das Objektiv des Zielfernrohres setzen. Daher verlegte man die Montage zur Seite. Die am Vorderschaft befestigte Montage umgeht das Rohr rechts, um dann seitlich neben dem Rohr mittels eines im 45-Grad-Winkel stehenden Picatinny Rails als Montagebasis für den Nachtsichtvorsatz zu dienen.

Durch diese ungewöhnliche aber stabile Konstruktion kann der Nachtsichtvorsatz unter den geschilderten Bedingungen optimal vor dem Zielfernrohr platziert werden.

Das Zielfernrohr

Ohne die entsprechende Optik ist ein Scharfschützengewehr natürlich wertlos. Die Anforderungen, die an eine solche Optik gestellt werden, sind extrem hoch. Neben den rein optischen Anforderungen allerdings sind die übrigen Anforderungen an eine gute Scharfschützenoptik in Anbetracht von Größe und Gewicht nicht leicht zu erfüllen. Stundenlanger Regen, Schmutz, extreme Temperaturen und harte Stöße sind nur einige der Widrigkeiten, mit denen die Optik konfrontiert wird.

Daher entwickelte die Hensoldt AG in Wetzlar, seid langem zuverlässiger Lieferant der Bundeswehr für Optiken, auf die Anforderungen für das G22 hin ein spezielles Zielfernrohr, das 3–12 x 56.

Auf den ersten Blick mögen die Vergrößerungswerte zwar etwas gering erscheinen, aber sie haben sich in der Praxis bewährt. Die 12-fache Vergrößerung reicht selbst für Schüsse auf größte Distanzen (siehe Schussleistung)

Das Zielfernrohr 3-12 x 56 und der Nachtsichtvorsatz. Beide können leicht, schnell und wiederholgenau dank der integrierten Klemmhebelmontage abgenommen und wieder aufgesetzt werden. Zwischen Batteriefach und Klemmkralle ist beim Zielfernrohr die dimmbare Strichbildbeleuchtung gut zu sehen. Das Aufsetzen des Nachtsichtvorsatzes vor das Zielfernrohr dauert nicht einmal 10 Sekunden. Das G22 ist dann eine voll nachtkampftaugliche Waffe.

problemlos aus, höhere Werte wären sogar von Nachteil, da das Fadenkreuz im Ziel durch den Pulsschlag des Schützen sonst zu stark bewegt würde, was für die Präzision abträglich ist. Sollte der Scharfschütze unterstützend auf kurze Distanz in der Verteidigung eingesetzt sein, so ist die 3-fache Vergrößerung sinnvoll, weil das Ziel schnell aufgenommen werden kann, ohne dass der Überblick über das Gefechtsfeld verloren geht. Mit 3-facher Vergrößerung beträgt das Sehfeld 9,2 Meter auf 100 Meter, mit 12-facher Vergrößerung 3,2 Meter. Eingestellt wird die Vergrößerung wie bei handelsüblichen Zielfernrohren über einen gummierten Drehring im Okularbereich. Direkt am Okular verfügt das Zielfernrohr darüber hinaus auch über eine Dioptrienverstellung von –2.5 bis +2.0.

Montiert wird das Zielfernrohr direkt auf dem Systemgehäuse, welches daher in diesem Bereich über eine integrierte Montage mit Anschlag verfügt. Auf der rechten Seite des Zielfernrohres im Bereich des mit einem Klemmhebel zu bedienenden integralen Montagefußes befindet sich ein Drehschalter, der die Strichplattenbeleuchtung aktiviert und deren Helligkeit regelt. Gespeist wird sie von einem unter dem Zielfernrohrkörper liegenden Batteriefach. So kann der Scharfschütze während der Dämmerungsphasen, in denen der Einsatz des Nachtsichtvorsatzes nicht mehr oder noch nicht hilfreich ist, über das beleuchtete Strichbild präzise Treffer erzielen.

Das Strichbild selbst ist auf die Anforderungen der militärischen Scharfschützen hin entwickelt worden. Auf den ersten Blick fällt das sehr dünne Fadenkreuz auf. Dies bietet den Vorteil, dass so wenig wie möglich vom Ziel verdeckt wird, wobei durch die Strichplattenbeleuchtung das Fadenkreuz unter allen Umständen immer gut zu sehen ist. In jede Richtung sind auf den Fäden vier Punkte angebracht, sogenannte Mil-Dots, die als Vorhaltemarken für unterschiedliche Zielgeschwindigkeiten dienen. Zur Abschätzung der Entfernung zum Ziel ist im unteren Bereich des Strichbildes eine Entfernungsschätzkurve analog der des G36 integriert. Wann immer möglich, sollte der Scharfschütze die Entfernung zum Ziel aus Präzisionsgründen zwar mit einem Laserentfernungsmesser ermitteln, hilfsweise leistet die Schätzkurve jedoch gute Dienste. Hat der Schütze die Entfernung ermittelt, so stellt er unter Zuhilfenahme von auf die jeweilige Munition abgestimmten Schusstafeln die Höhenverstellung des Zielfernrohrs auf die entsprechende Entfernung ein. Diese Einstellung, und dies wurde beim Zielfernrohr des G22 erstmalig realisiert, ist im Strichbild ablesbar. Im rechten Quadranten steht eine Skala die die jeweilige Einstellung anzeigt. So kann der Schütze, vor allem bei Dunkelheit, die eingestellten Werte kontrollieren und korrigieren, während er sein Ziel im Visier hat. Diese Höhenanpassung fördert die Präzision. Der Schütze muss nicht irgendwo zwei Meter über dem Ziel anhalten, sondern kann dies wie gewohnt exakt ins Fadenkreuz nehmen.

Für den Benutzer unsichtbar ist in das Zielfernrohr ein Laserschutz der Schutzklasse L5 integriert. Damit ist der Scharfschütze vor Blendung durch feindliche Laser geschützt. Der Einsatz solcher Laser führt unter Umständen zu einer Erblindung. Das Problem eines Laserschutzes ist dessen Lichtdurchlässigkeit. Während normales Licht ja die Linsengruppen des Zielfernrohrs durchdringen soll, um das Auge des Schützen zu erreichen, gilt es dies bei Laserlicht gerade zu verhindern. So absorbier-

Technische Daten des G22

Bezeichnung:	Gewehr G22, Kaliber 7.62 mm
Kaliber:	7.62 x 67 (.300 Win Mag)
Rohrlänge:	660 mm
Dralllänge:	1 in 11" (27,9 cm), Rechtsdrall
Rohrprofil:	Feld/Zug, oberflächengehärtet
Zahl der Züge:	4
Länge:	1.223 mm (Schulterstütze ausgeklappt)
	1.023 mm (Schulterstütze angeklappt)
Höhe:	270 mm (Erdsporn ausgefahren, Höhe über Notvisier)
	190 mm (Erdsporn eingezogen, Höhe über Notvisier)
	335 mm (Erdsporn ausgefahren, Höhe über Zieloptik)
	255 mm (Erdsporn eingezogen, Höhe überZieloptik)
Breite:	50 mm (ohne Kammerstengel, Zweibein)
	90 mm (mit Kammerstengel, Zweibein geklappt)
Gewicht Waffe:	8,1 kg (ohne Zieloptik, Magazin leer)
	9,2 kg (mit Zieloptik)
	10,4 kg (mit Zieloptik und NSV 80)
Gewicht Magazin:	370 g (einschl. 5 Schuss)
Abzugsgewicht:	17 N
v_0:	890 m/s +/- 10 m/s
Mündungsenergie:	5148 Joule
Magazinkapazität:	5 Patronen
Visierung:	Zielfernrohr (3–12-fach), offene Notvisierung
Visierlänge Notvisier:	810 mm

ten bisherige Laserschutzfilter der Schutzklasse L5 auch einen großen Teil des normalen Lichtes, was vor allem in der Dämmerung die Leistung eines Zielfernrohres massiv herabsetzt. Hensoldt ist es hier durch entsprechende Forschung gelungen, in der Laserschutzklasse L5 die Schutzschicht so zu verbessern, dass praktisch keine Nachteile mehr für den Durchgang des normalen Lichtes bestehen und das Zielfernrohr ohne Einschränkung auch bei weniger guten Lichtverhältnissen eingesetzt werden kann.

Zum Schutz von Okular und Objektivlinse sind zwei Staubschutzdeckel auf das Zielfernrohr aufgesetzt. Der okularseitige Deckel ist als durchsichtiger Gelbfilter ausgeführt. Bei schlechtem Kontrast klappt der Schütze diesen Deckel daher nicht auf, was zu einer Kontrasterhöhung führt.

Der Nachtsichtvorsatz

Bei der Scharfschützenversion des G3 musste der Schütze das normale Zielfernrohr abnehmen, um sein Gewehr nachtkampftauglich zu machen, und ein sogenanntes Nachtzielgerät, eine Kombination aus Nachtsichtgerät und Zielfernrohr, aufsetzen. Davon gab es zwei Versionen, eine aktive mit Infrarotscheinwerfer und eine rein passive auf Restlicht-Verstärkerbasis. Auch wenn die Montagen ein recht genaues Abnehmen und Wiederaufsetzen der diversen Optiken ermöglichten, kam es auch immer wieder zu leichten Treffpunktänderungen.

Daher ist die Lösung, die beim G22 zum Einsatz kommt und in ähnlicher Weise auch beim G36, die beim momentanen Stand der Technik entsprechend fortschrittlichste Lösung. Hier wird ein passiver Restlichtverstärker direkt vor dem Objektiv des Zielfernrohres montiert. Dementsprechend wird dieses Gerät dann auch als Nachtsichtvorsatz bezeichnet, wobei die exakte Bezeichnung „NSV 80 II" lautet. Wie das Zielfernrohr stammt der NSV auch aus dem Hause Hensoldt. Die beim G36 bewährte Kombination aus Zielfernrohr und Nachtsichtaufsatz wird vom Aufbau her hier übernommen und so war es nur sinnvoll, wieder auf die Hensoldt Systemtechnik als Lieferanten zurückzugreifen.

Der NSV wird, wie unter „Schaftanbauten" beschrieben, über eine ungewöhnliche aber durchdachte, schräge, seitliche Montage (Picatinny Rail) wenige Zentimeter vor das Objektiv des Zielfernrohrs montiert. Dank der Klemmhebelmontage ist der NSV in weniger als zehn Sekunden montiert. Dem Schützen bietet sich dadurch der Vorteil, dass er mit dem gewohnten Strichbild, dem gleichen Augenabstand und ohne jegliche Veränderung der Treffpunktlage wie gewohnt zielen kann. Durch die schnelle Montage/Demontage des NSV kann der Scharfschütze praktisch ohne jegliche Unterbrechung den Feuerkampf führen.

Technisch gesehen handelt es sich, wie oben gesagt, beim NSV 80 II um einen Restlichtverstärker mit einer Bildverstärkerröhre der Generation 2+ SuperGen. Da der NSV ja

Der Nachsichtvorsatz (NSV 80 II) wird mittels der integrierten Klemmmontage direkt vor das Objektiv des Zielfernrohres gesetzt. Gut ist das Batteriefach zu erkennen, davor die Entfernungseinstellung sowie der Ein/Aus-Schalter. Da das Gerät im Maßstab 1:1 abbildet, ist eine Justierung beim Aufsetzen nicht notwendig.

vor das vergrößernde Zielfernrohr gesetzt wird, weist er selbst keinerlei Vergrößerung auf, sondern bildet im Maßstab 1:1 ab. Dies bietet weiterhin den Vorteil, dass der NSV nicht exakt in Verlängerung der optischen Achse des Zielfernrohrs gesetzt werden muss. Sollte trotz der hochwertigen und wiederholgenauen Montage das NSV nicht exakt gerade vor dem Zielfernrohr sitzen, hat dies keinen negativen Einfluss auf die Präzision der Waffe.

Versorgt wird der NSV 80 II von zwei handelsüblichen 1,5 Volt Mignon-Batterien. Diese befinden sich in einem Batteriebehälter auf der rechten Seite des Gerätes. Ein Satz Batterien reicht mindestens für eine Betriebsdauer von 90 Stunden. Wird das Gerät mit Unterbrechungen betrieben, in denen sich die Batterien erholen können, steigt die Betriebsdauer noch einmal deutlich. Alternativ können natürlich auch Akkus eingesetzt werden, die aufgrund ihrer Entladecharakteristik nur eine Betriebsdauer von etwas mehr als 30 Stunden aufweisen.

Eingeschaltet wird der NSV durch einen Drehschalter auf der linken Seite des Gerätes. Durch diese Lage ist der Schalter mit der linken Hand gut zu erreichen und der Schütze muss seine rechte Abzugshand nicht vom Pistolengriff lösen. Der Schalter ist als Endlos-Drehschalter ausgeführt. In welche Richtung man auch dreht, mit der ersten Vierteldrehung wird der NSV eingeschaltet, mit der nächsten wieder aus. Auf der Oberseite befindet sich noch die Entfernungseinstellung, die von 20 Metern bis Unendlich reicht. Die Erfahrung hat jedoch gezeigt, dass in Abhängigkeit vom Gelände und dessen Gegebenheiten eine entsprechende Einstellung ausreicht, so dass man während des Einsatzes nicht nachjustieren muss.

Auch die Ausbildung des Scharfschützen am NSV 80 II ist denkbar einfach. Da nur zwei Bedienschalter, der Montagehebel und das Batteriefach, zu beachten sind, ist das Gerät praktisch erklärungsfrei. Ein Einschießen entfällt aufgrund der geschilderten Faktoren auch. Gerade die einfache Bedienung, die den Schützen im Ernstfall keinerlei Konzentration auf ein zweites Gerät abverlangt, und die Tatsache, dass er ganz normal durch sein gewohntes Zielfernrohr visieren kann – wobei das Bild allerdings grün ist – bedeutet für den Einsatz eine deutliche Erleichterung, die wertvolle Sekunden bringt.

Die Notvisierung

Die Beschaffer der Bundeswehr gehen immer vom denkbar schlechtesten Falle aus. Sollte das Zielfernrohr, etwas durch einen Sturz, so beschädigt werden, dass es nicht mehr zu gebrauchen ist, muss der Scharfschütze nicht untätig bleiben, sondern kann den Feuerkampf unverzüglich weiterführen. Daher verfügt das G22 über eine Notvisierung offener Bauart. Auf dem hinteren Ende des Systemhülse sitzt eine verstellbare Lochkimme mit sechs unterschiedlichen Bohrungen. Je nachdem, auf welche Entfernung der Schütze schießen muss, dreht er die entsprechende Bohrung in die oberste Position. So kann er von 200 bis 600 Meter, so präzise dies über eine offene Visierung möglich ist, schießen. Die sechste Bohrung ist besonders groß, da sie als Nacht-Not-Visierung auf 200 Meter dient. Wie beschrieben, befindet sich 81 cm vor der Lochkimme als Bestandteil des Mündungsaufsatzes das Notkorn. Dessen feiner Stachel wird durch zwei stabile Flanken vor Schaden geschützt. Selbstverständlich ist die Notvisierung auf die Munition abgestimmt und justierbar.

Das offene Notvisier verfügt über fünf Kimmenbohrungen für 200 bis 600 Meter sowei eine größere Nachtkimme für 200 Meter.

Die Munition

Die bisher von der Bundeswehr im G3 und somit auch in der Scharfschützenversion des G3s verwendete Patrone, die 7,62 mm x 51 (.308 Winchester) ist keine schlechte Patrone.

Und aus logistischen Gründe gilt es, möglichst wenig verschiedene Kaliber zu haben. Dennoch wählte man für das G22 ein anderes Kaliber, nämlich 7,62 mm x 67 aus. Allerdings ist unter dieser Bundeswehrbezeichnung die Patrone kaum bekannt. Als .300 Winchester Magnum oder kurz .300 Win Mag ist die Patrone seit Jahren unter Long-Range-Schützen beliebt. Bei praktisch gleichem Geschossdurchmesser weist die Patrone durch ihre größere Hülsenlänge einen größeren Pulverraum auf. Bei entsprechender Ladung sorgt die deutlich höhere Geschossgeschwindigkeit so für eine gestrecktere Flugbahn und damit für eine bessere Präzision. Zwar gibt es für eine maximale Präzision auf große Distanzen bessere Patronen, die vor allem im Sportschießen verwendet werden, aber diesen fehlt es dann oft an militärisch notwendigen Faktoren wie Durchschlagskraft, Energie oder Wirkung im Ziel. Die 7,62 mm x 67 für das G22 stellt eine für die Anforderungen eines Scharfschützen optimale Patrone dar.

Um ein optimales Ergebnis zu erzielen, reicht es nicht, handelsübliche Munition zu verschießen. Bei den Losgrößen, die die Bundeswehr einkauft, rechnet es sich, eine speziell auf das G22 abgestimmte Laborierung zu beschaffen. Die Firma Metallwerk Elisenhütte Nassau (MEN), die seit Jahren die Bundeswehr beliefert, ermittelte in langwierigen Versuchen eine solch optimale Laborierung für die 7,62 mm x 67. Dies hört sich zunächst einfach an, war aber unter den gegebenen Anforderungen eine echte Herausforderung. Die Bundeswehr fordert für das G22 zwei verschiedene Geschosse. Zum einen ein normales Vollmantelgeschoss (DM 121), zum anderen ein Hartkerngeschoss (DM 131). Die Forderung an die Entwickler aus Nassau lautete nun, dass beide Geschosse des G22 letztlich die gleiche Flugbahn aufweisen sollten. Dies ist sinnvoll, da es dem Scharfschützen nicht zugemutet werden soll, im Einsatz bei einem Munitionswechsel auch jedes Mal das Zielfernrohr zu verstellen. Wenn plötzlich ein gepanzertes Ziel auftaucht, muss der Schütze damit zwar die Munition wechseln, spart sich aber die Zeit, um das Zielfernrohr zu verstellen. Aufgrund des unterschiedlichen Aufbaus eines normalen Vollmantel-Weichkern- und eines Hartkerngeschosses sind beide Geschosstypen bei gleicher Größe nie gleich schwer. Modifiziert man die Größe eines Geschosses, um das Gewicht zu verändern, so erhält es dadurch auch andere Flugeigenschaften. Durch eine komplizierte Abstimmung von Geschossgewicht, Geschosslänge und Treibladung ist es den Ingenieuren von MEN aber letztlich perfekt gelungen, die Flugbahnkurven der beiden Geschosse so aufeinander abzustimmen, dass die Unterschiede in der Praxis ohne Bedeutung sind. Das Hartkerngeschoss liegt auf 600 Meter gerade einmal 9 cm unter dem Einschlagpunkt des Weichkerngeschosses. Da das G22 auf das Weichkerngeschoss einjustiert

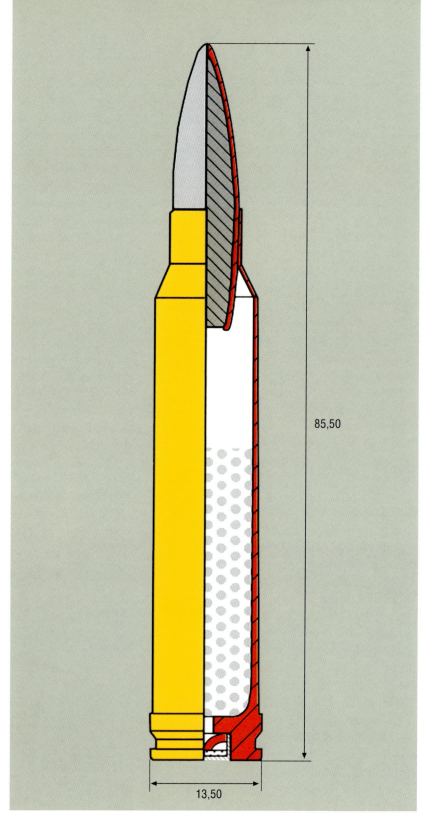

Vollmantel-Weichkerngeschoß DM 121.

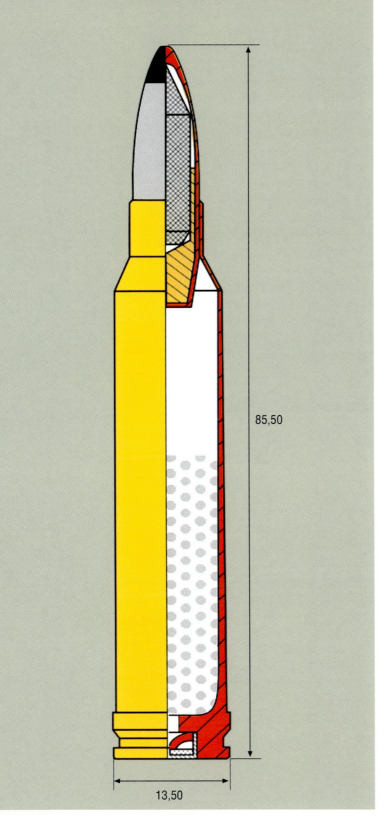

Vollmantel-Hartkerngeschoß DM 131.

v_0 beträgt 890 m/s +/- 10 m/s. Auf 600 Meter beträgt der Streukreisdurchmesser einer 10 Schuss-Gruppe 22 cm und liegt somit deutlich unter den geforderten 30 cm (siehe Schussleistung). Die Geschossgeschwindigkeit beträgt auf 600 Meter immerhin noch 590 m/s, was einer Energie von fast 2300 Joule entspricht.

Bei der zweiten Laborierung handelt es sich um eine Vollmantel-Hartkerngeschoss (Armor Piercing) mit einem Geschossgewicht von 12,8 Gramm beziehungsweise 197 Grains. Das AP-Geschoss besteht aus drei Komponenten: dem ebenfalls tombakplatierten und verzinnten Stahlmantel, einem Hartkern sowie einem Kupferschuh, der den Hartkern aufnimmt und als dessen Trägerelement dient. Die Geschossgeschwindigkeit v_0 der AP-Munition beträgt 880 m/s +/- 10 m/s. Der Streukreisdurchmesser ist mit 23 cm auch noch deutlich innerhalb der Forderungsgrenzen, wenn auch wie gesagt die Gruppe 9 cm tiefer liegt. Die Geschossgeschwindigkeit beträgt auf 600 Meter noch 570 m/s, was einer Energie von nicht ganz 2100 Joule entspricht. Interessant sind auch Anforderungen der Bundeswehr an die Durchschlagsleistungen der AP-Munition: Auf 100 Meter ist eine 20 mm Panzerstahlplatte mit einer Härte von 420 bis 450 HB zu durchschlagen, auf 600 Meter immerhin noch eine Platte von 15 mm Stärke. Beide Forderungen werden von der AP-Variante einwandfrei erfüllt.

ist und in der Praxis bei der Größe eines gepanzerten Zieles (Hubschrauber, Radaranlage, Fahrzeug) 9 cm Treffpunktabweichung keine Bedeutung haben, wurde hier eine sehr praktische Lösung gefunden. Bei der ersten Laborierung handelt es sich um ein Vollmantel-Weichkerngeschoss mit einem Geschossgewicht von 13,0 Gramm beziehungsweise 200 Grains. Es besteht aus einem tombakplatierten und verzinnten Stahlmantel sowie einem Bleikern. Die Geschossgeschwindigkeit

Beide Laborierungen also erfüllen die Anforderungen nicht nur, sondern übertreffen diese deutlich. Damit verfügt der Scharfschütze über zwei präzise und wirksame Geschossvarianten, mit denen er seinen Auftrag ausführen kann.

Die Schussleistung

Die Bundeswehr stellte wie bei allen anderen Beschaffungen auch an das G22 bestimmte Anforderungen bezüglich der Treffleistung. Fachlich bezeichnet man dies als „Erstschusstreffwahrscheinlichkeit". Diese durfte bei einem Ziel mit 30 cm Durchmesser auf 600 Meter

Entfernung 90 % nicht unterschreiten. In der Erprobung wurden auf 600 Meter 10 Schuss-Streukreise mit der Weichkernmunition von 22 cm und mit der AP-Munition von 23 cm geschossen. Damit ist auch auf noch größere Distanzen eine hohe Wahrscheinlichkeit gegeben, das Ziel entscheidend zu treffen. Der Autor hatte die Möglichkeit, das G22 auf 1000 Meter zu schießen. Als Ziele dienten Fallscheiben, die von der Größe her der Scheibe „stürmender Schütze" vergleichbar waren. Es wurde über ein Bergtal hinweg leicht bergab geschossen, wobei keinerlei Windfahnen oder ähnliches zur Beobachtung des teilweise recht böigen Windes zur Verfügung standen. Lediglich die Entfernung sowie der Höhenunterschied zu den Zielen konnte mittels eines Laserentfernungsmessers ermittelt werden. Dennoch konnte nach dem Einschießen der Waffe eine Ersttschusswahrscheinlichkeit von über 80 % auf 1000 Meter problemlos realisiert werden. Ein solche Quote wurde von mehreren anderen Schützen ebenfalls erreicht. Dem G22 kann daher, was die Präzision unter einsatznahen Bedingungen angeht, ein sehr gutes Zeugnis ausgestellt werden. Und darauf kommt es bei einem Scharfschützengewehr schließlich an.

Der Konstrukteur

Die gute Schussleistung des G22 überrascht nicht, wenn man weiß, wer hinter dieser Waffe steht. Accuracy International, der Name (Präzision) ist Programm, wurde im Mai 1978 von Malcom Cooper gegründet. Cooper kann insgesamt 13 Europameistertitel, 12 Weltrekorde und zwei olympische Goldmedaillen in diversen Gewehrdisziplinen auf sich vereinigen. Den größten Teil dieser Erfolge hat er mit selbst konstruierten und gebauten Waffen erzielt. Da wundert es nicht, dass er aus diesem Talent auch seinen Lebensunterhalt bestreitet. Mittlerweise weist seine Firma über 40 Angestellte auf, die fast ausschließlich Scharfschützengewehre produzieren. In rund 50 Ländern kommen diese bei Militär und Polizei zum Einsatz. In insgesamt sieben Mitgliedsstaaten der NATO nutzen die Streitkräfte Coopers Scharfschützengewehre.

Beim G22 handelt es sich um das bewährte Modell „AWM-F" von Accuracy, das nur die auf Wunsch der Bundeswehr durchgeführten Modifikationen gegenüber der Serie von dieser unterscheidet.

Zusammenfassung

Mit dem G22 steht der Bundeswehr zum ersten Male seid ihrer Gründung ein echtes, nur für diesen Zweck bestimmtes Scharfschützengewehr zur Verfügung. Dieser Schritt hat lange auf sich warten lassen und wurde letzlich unter Anbetracht der neuen Aufgaben der Bundeswehr zügig aber mit Bedacht vollzogen. Wer einmal mit dem G22 schießen konnte, ist von dieser Waffe begeistert. Präzision und Handling, Aufbau und Funktionalität sind so, wie man es von einer optimalen Scharfschützenwaffe erwartet. Und wenn unsere Scharfschützen in heiklen friedensschaffenden oder friedenserhaltenden Missionen eingesetzt werden, sollten sie auch die Werkzeuge haben, um ihre Aufgabe mit höchster Präzision erfüllen zu können.

3

Panzerfaust und Bunkerfaust

Mann gegen Panzer und Bunker

Panzerfaust 3 und Bunkerfaust

Auch bei Friedenseinsätzen muss der Infanterist gegen Panzerfahrzeuge und gegen Feind im Bunker kämpfen können.

Das Einsatzspektrum der Bundeswehr hat seit dem Fall der Mauer und dem Zusammenbruch des Warschauer Paktes einen signifikanten Wechsel erfahren. Die Bundeswehr und die NATO sind nach Beendigung der Ost-West-Konfrontation nicht länger auf einen möglichen Gegner fixiert. Die derzeit relevanten Szenarien sind die Folge der Auflösung des statischen Ost-West-Konfliktes und einer im Umbruch befindlichen politischen und militärischen Ordnung. Die nicht eindeutig zu begrenzenden regionalen Interessenlagen von Konfliktparteien sowie die zunehmende Fähigkeit und Bereitschaft, Konflikte mit militärischen Mittel zu lösen, bergen die Gefahr einer Ausweitung von Konflikten in sich. Bei solchen Einsätzen sind, trotz anderslautender Aussagen, gepanzerte Rad- und Kettenfahrzeuge eine wesentliche Bedrohung, gegen die sich ein Infanterist behaupten muss. Die Bundeswehr verfügt hierzu, für die Panzerabwehr aller Truppen, über ein leistungsstarkes und

1990 löste die Panzerfaust 3 die noch im Einsatz befindliche Panzerfaust 44 mm (Panzerfaust 2) ab.

durchschlagskräftiges Panzerabwehrsystem – die Panzerfaust 3. Die Panzerfaust 3 wurde von Dynamit Nobel im Auftrag der Bundeswehr als Ersatz für die Panzerfaust 44 mm (heute: Panzerfaust 2) entwickelt. Mit der Entwicklung der Panzerfaust 3, die bereits im Jahre 1978 begann, wurde die Reihe der rückstossfreien Einmannschulterwaffen für die Panzerabwehr fortgesetzt. Die Entwicklung der Panzerfaust 3 sollte eine wesentliche Ausrüstungslücke der Bundeswehr im Bereich der „Panzerabwehr aller Truppen" schließen. Die technischen und einsatzspezifischen Forderungen an dieses neu zu entwickelnde System spiegelten im wesentlichen die Erfordernisse einer flexiblen und zukunftsgerichteten „Panzerabwehr aller Truppen" wider. Die neue Waffe sollte sein.

- Möglichst leicht zugunsten einer maximalen Beweglichkeit des Schützen,
- wirksam gegen existierende und zukünftige Kampfpanzers sowie gegen sekundäre Ziele, wie z. B. Bunker, Häuser und Feldbefestigungen,
- treffgenau,
- rückstoßarm,
- aus dem Raum abfeuerbar und mit
- modularem Aufbau.

Im Jahr 1990 löste die Panzerfaust 3 die bei der Bundeswehr noch im Einsatz befindliche Panzerfaust 44 mm unter der bundeswehreigenen Bezeichnung „Panzerabwehrhandwaffe 300 m" ab. Aus der einzelnen Panzerfaust 3 ist mittlerweile eine ganze Familie von Panzerabwehr-/Mehrzweckeinsatzwaffen für die unterschiedlichsten Einsatzoptionen entstanden.

Die Panzerfaust 3

In ihrer Konzeption als Abwehrwaffe sollte die Panzerfaust 3 gleich mehreren Anforderungsprofilen genügen. Neben der primären Forderung zur Bekämpfung von modernen Kampfpanzern musste die Panzerfaust 3 auch eine weitere, in die Zukunft gerichtete Forderung erfüllen, nämlich die Bekämpfung von sekundären, gehärteten Zielen wie Häuser, Bunker oder Unterstände.

Um der Panzerfaust 3 die außerordentliche Durchschlagsleistung zu verleihen, die sie heute weltweit zur wahrscheinlich leistungsstärksten Waffe ihrer Klasse macht, entschied man sich für einen Hohlladungsgefechtskopf mit 110 mm Kaliber. Bereits der Standardgefechtskopf mit Mono-Hohlladung durchschlägt Panzerungen moderner Kampfpanzer, die im Äquivalent ein Massivziel von mehr als 800 Millimetern Panzerstahl darstellen. Diese Leistung war mehr als ausreichend um die Panzerung des russischen T-72 Kampfpanzers zu durchschlagen. Als erstmals die Möglichkeit bestand, die Panzerfaust 3 gegen einen russischen T-72 Panzer zu testen, trat beim Beschuss des Panzers der Hohlladungsstrahl an der Rückseite des Turmes wieder aus. Die Durchschlagswirkung der Panzerfaust 3 wird mittels eines per Hand herausziehbaren Abstandsrohres (Spike) für die Bekämpfung schwerer Panzerungen optimiert. Der herausgezogene Spike sorgt für die Einhaltung des notwendigen Abstandes zum Ziel. Mit eingeschobenem Spike kann die Panzerfaust 3 Stellungen in Häusern mit Beton- oder Ziegelmauern er-

Aus der Panzerfaust 3 ist mittlerweile eine ganze Familie derartiger Waffen geworden.

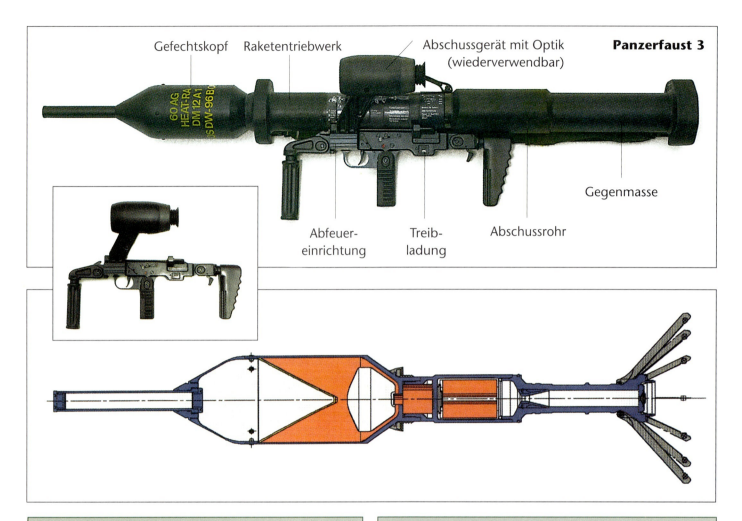

Panzerfaust 3

Technische Daten

Kaliber Gefechtskopf:	110 mm
Gewicht der Waffe, (schussbereit):	12,9 kg
Geschossgewicht:	3,9 kg
Gewicht der wiederverwendbaren Abschussvorrichtung mit Optik:	2,3 kg
Länge der Waffe	
- transportfertig:	1,23 m
- schussbereit:	1,35 m

Ballistische Daten des Geschosses

Mündungsgeschwindigkeit:	160 m/s
Höchstgeschwindigkeit:	243 m/s
Flugzeit bis 300 m:	1,36 s
Durchschlagsleistung:	> 700 mm*
kleinster Auftreffwinkel:	10° (80° NATO)
Temperaturbereich:	−35 bis +63 °C
Schussentfernung gegen	
- sich bewegende Ziele:	300 m
- stehende Ziele:	400 m
kürzeste Schussentfernung:	< 20 m

* Rolled Homogeneous Armour (RHA)

folgreich bekämpfen; hierbei wird hauptsächlich die Sprengwirkung des im Gefechtskopf enthaltenen Explosivstoffes der Hohlladung genutzt. Auf diese Weise können in Mauerwerk und Stahlbetonwände von der Panzerfaust 3 problemlos große Löcher geschlagen werden. Die Panzerfaust 3 eignet sich mit ihrem wiederverwendbaren Abschussgerät und der qualitativ hochwertigen Optik zur Bekämpfung von stehenden Zielen in einer Entfernung bis zu 400 Metern. Fahrende Panzerfahrzeuge können bis zu einer Entfernung von 300 Metern effektiv bekämpft werden. Mit der kurzen Mindestschussentfernung von weniger als 20 Metern eignet sich die Panzerfaust 3 hervorragend für den Orts- und Häuserkampf. Die Mündungsgeschwindigkeit der Panzerfaust 3 beträgt ca. 160 m/sec. Das Geschoss wird nach dem Abschuss durch ein Raketentriebwerk auf eine Geschwindigkeit

von ca. 240 m/sec beschleunigt. Für eine Entfernung von 300 Metern benötigt das Geschoss nur 1,3 Sekunden. Eine schnelle Reaktionsfähigkeit ist somit gegen fahrende und stehende Ziele garantiert. Die Panzerfaust 3 ist durch den zeitgleichen Ausstoß einer Gegenmasse rückstossfrei (Davis-Kanonen-Prinzip). Im Hinblick auf die weltweiten Einsätze in den unterschiedlichsten Klimazonen kann die Panzerfaust 3 in einem Temperaturbereich von –46 bis +71°C eingesetzt werden. Ein wesentliches Konstruktionsmerkmal ist die Anbringung des Gefechtskopfes der Panzerfaust 3 außerhalb des Abschussrohres. Dadurch verfügt die Panzerfaust 3 über ein enormes Aufwuchspotenzial, was bei der Weiterentwicklung der Panzerfaust 3 genutzt, aber noch längst nicht ausgeschöpft wurde. Wie bereits erwähnt hat die Panzerfaust 3 ein wiederverwendbares Abschussgerät mit einem hochwertigen optischen Visier. Über die in Schussrichtung links an der Waffe angebrachte Zieloptik kann der Schütze sein zu bekämpfendes Ziel anvisieren. Lediglich das Abschussrohr wird nach dem Abfeuern der Waffe weggeworfen. Das Abschussgerät mit der optischen Zieleinrichtung lässt sich mit einem Handgriff an eine neue Patrone angeklinken. Für den Einsatz bei Nacht kann ein Restlichtverstärker vor die Zieloptik aufgesetzt werden. Die Panzerfaust 3 verfügt somit über ein großes Leistungspotenzial und kann – als besonderes Merkmal – aus geschlossenen Räumen verschossen werden. Nicht nur bei der Bundeswehr, sondern auch bei anderen befreundeten Armeen wurde diese Waffe bereits eingeführt.

Panzerfaust 3-T

Um der rasanten Entwicklung von verbesserten Schutzpanzerungen Rechnung zu tragen und die Panzerfaust 3 an die sich stetig ändernde Bedrohung anzupassen, wurde die Panzerfaust 3 mit einem Tandem-Hohlladungsgefechtskopf ausgestattet. Dieser Gefechtskopf wurde ebenfalls von Dynamit Nobel entwickelt und in das bestehende System integriert. Diese Version wurde Panzerfaust 3-T getauft. Die Panzerfaust 3-T vereinigt sämtliche Eigenschaften der Panzerfaust 3 in sich. Der Tandemgefechtskopf überwindet problemlos reaktive Schutzsysteme an modernen Kampfpanzern und durchschlägt anschließend noch Panzerungen mit einer Stärke von mehr als 800 Millimetern. Aus Sicherheitsgründen wurde von der Bundeswehr ein Konzept mit sogenannter „nicht-detonativer Umsetzung" (NDU)

Panzerfaust 3-T mit Tandem-Hohlladungsgefechtskopf gegen reaktive Schutzsysteme. Abbildungen und Daten einer weiterentwickelten Panzerfaust 3-T600 siehe auch auf den Seiten 101/102.

Panzerfaust 3-T

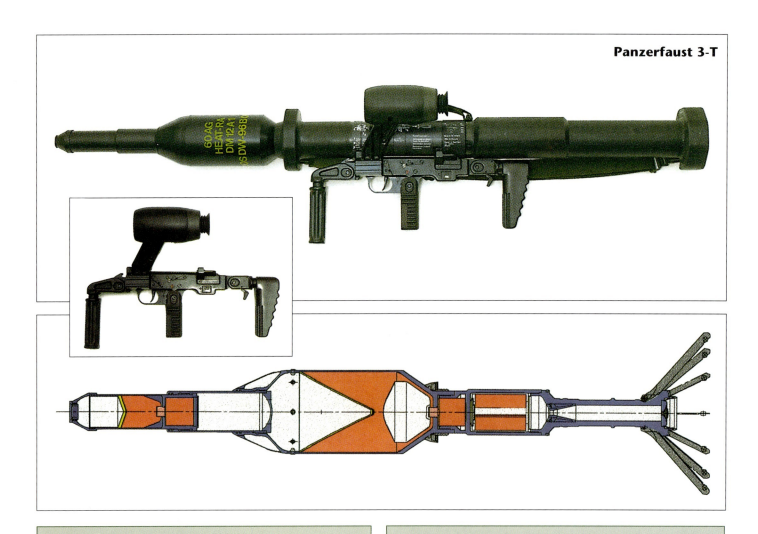

Technische Daten

Kaliber Gefechtskopf:	110 mm
Gewicht der Waffe, (schussbereit):	13,3 kg
Geschossgewicht:	4,3 kg
Gewicht der wiederverwendbaren Abschussvorrichtung mit Optik:	2,3 kg
Länge der Waffe	
- transportfertig:	1,24 m
- schussbereit:	1,40 m

Ballistische Daten des Geschosses

Mündungsgeschwindigkeit:	152 m/s
Höchstgeschwindigkeit:	220 m/s
Flugzeit bis 300 m:	1,46 s
Durchschlagsleistung:	> 700 mm* + ERA
kleinster Auftreffwinkel:	15° (75° NATO)
Temperaturbereich:	–35 bis + 63 °C
Schussentfernung gegen	
- sich bewegende Ziele:	300 m
- stehende Ziele:	400 m
kürzeste Schussentfernung:	20 m

* Rolled Homogeneous Armour (RHA)

gefordert. Die Vorhohlladung des Tandemgefechtskopfes schlägt beim Auftreffen des Gefechtskopfes auf die reaktive Zusatzpanzerung ein Loch in die reaktive Box, ohne den in den Boxen enthaltenen Explosivstoff zur Detonation zu bringen. Eine Gefährdung des Schützen durch wegfliegende Teile bei extrem kurzen Kampfentfernungen ist damit ausgeschlossen. Die Konstruktion des Gefechtskopfes wurde an die bereits existierende Version der Panzerfaust 3 angelehnt. Je nach Zielart kann auch hier zwischen optimalem Stand-off für Panzerziele sowie maximaler Sprengwirkung für sekundäre Ziele mittels einem ausziehbarem Abstandsrohr (Spike) gewählt werden. Das bereits vorhandene Abschussgerät der Panzerfaust 3 kann ohne Modifikation für die Panzerfaust 3-T weiterverwendet werden. Auch diese Version der Panzerfaust 3-Familie kann aus geschlossenen Räumen abgefeuert werden. Die Panzerfaust 3-T, wie auch die Panzerfaust 3 oder auch jede andere Variante der Panzerfaust 3-Familie ist eine Waffe, die ihre Ziele im Horizontalangriff oder Direkt-Angriff bekämpft, also eine sogenannte „Direkt-Angriffs-Waffe". Bei Direkt-Angriffs-Waffen wird, wie der Name bereits besagt, das Ziel ohne Umschweife und Klimmzüge angegriffen. Dies bringt zwar einige Nachteile wie zum Beispiel ein etwas höheres Gewicht mit sich, aber auch jede Menge Vorteile. Der größte Nachteil dieser Art von Waffen ist mit Sicherheit die Tatsache, dass bei einem Frontalangriff, und in dieser Duellsituation wird sich der defensive Infanterist auch häufig wiederfinden, die am stärksten gepanzerte Stelle des Panzers bekämpft werden muss. In Fachkreisen wird immer wieder behauptet, dass ein solcher Angriff gegen einen modernen Kampfpanzer nur dann von Erfolg gekrönt sein wird, wenn der Durchmesser der Hauptladung größer als 150 mm und die der Vorladung größer als 100 mm ist. Dies würde natürlich enorme Gewichtsnachteile gegenüber anderen Angriffskonzepten implizieren. Die Gefechtskopftechnologie ist jedoch schon so weit fortgeschritten, dass mit Ladungsdurchmessern von 110 mm Kampfpanzer wie der T-80U oder der T-90 nachweislich von vorne effektiv bekämpft und nachhaltig außer Gefecht gesetzt werden können. Auch die Vorladung muss nicht zwangsläufig den o. a. Durchmesser erreichen. Mit kleineren aber höchst leistungsfähigen Vorladungen werden die bereits bekannten ERA-Boxen (Reaktiv-Panzerung) durchschlagen, ohne dass die Wirkung der Hauptladung darunter leidet. Direkt-Angriffs-Waffen bieten den Vorteil eines eingebauten Stand-Offs oder können den Abstand zum Ziel über einen Abstandsensor ermitteln und somit die Durchschlagsleistung des Gefechtskopfes wesentlich steigern. Diese Waffen können innerhalb der Armeen in größerer Stückzahl eingeführt werden und bieten somit auch die Möglichkeit des Last-Ditch-Defence, dem Kampf gegen durchgebrochene, gepanzerte Kräfte.

Schütze mit der Panzerfaust 3-T600, deren Reichweite mittels Abschussgerät DYNARANGE auf 600 m gesteigert werden kann.

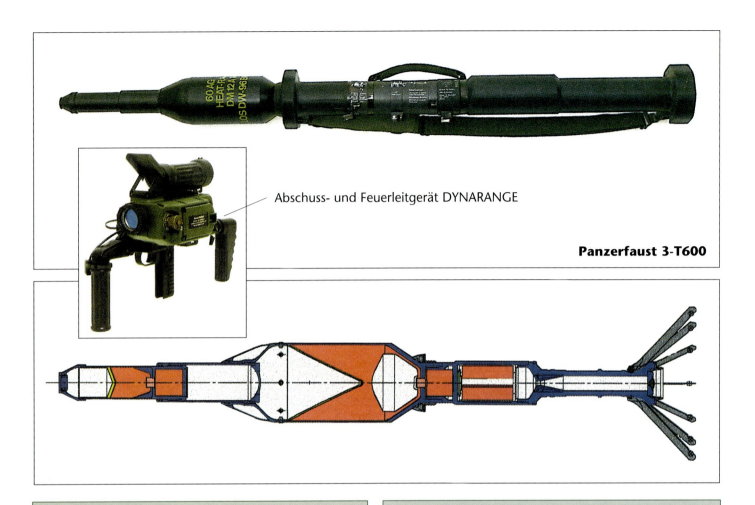

Abschuss- und Feuerleitgerät DYNARANGE

Panzerfaust 3-T600

Technische Daten	
Kaliber Gefechtskopf:	110 mm
Gewicht der Waffe (schussbereit):	13,3 kg
Geschossgewicht:	4,3 kg
Gewicht der wiederverwendbaren Abschussvorrichtung mit Optik:	2,3 kg
Länge der Waffe	
- transportfertig:	1,24 m
- schussbereit:	1,40 m

Ballistische Daten des Geschosses	
Mündungsgeschwindigkeit:	152 m/s
Höchstgeschwindigkeit:	220 m/s
Flugzeit bis 300 m:	3,20 s
Durchschlagsleistung:	> 700 mm + ERA
kleinster Auftreffwinkel:	15° (75° NATO)
Temperaturbereich:	–35 bis +63 °C
Schussentfernung gegen	
- sich bewegende Ziele:	600 m
- stehende Ziele:	600 m
kürzeste Schussentfernung:	20 m

Bunkerfaust

Das Anwendungsspektrum und das Aufwuchspotenzial des Systems Panzerfaust 3 ist ausgesprochen vielfältig. Basierend auf technischen Merkmalen des bestehenden Systems forderte die Bundeswehr vor einigen Jahren die Entwicklung eines leistungsstarken Gefechtskopfes, der es dem Infanteristen ermöglicht, auf dem Gefechtsfeld gegen Unterstände, Bunker oder gehärtete Feldbefestigungen vorzugehen. Zu diesem Zweck wurde von der Firma Diehl Stiftung & Co. ein völlig neuer Gefechtskopf mit der Bezeichnung „GRABAS" entwickelt und von Dynamit Nobel in das System Panzerfaust 3 integriert. Die Waffe wurde von der Bundeswehr „Bunkerfaust" getauft. Der betonbrechende Gefechtskopf sollte in der Lage sein, Ziele hinter Schutzwänden bzw. in Räumen auszuschalten. Amtliche Testreihen des Bundesamtes für Wehrtechnik und Beschaffung (BWB) sowie vergleichbarer US-amerikanischer Einrichtungen ergaben, dass selbst extrem harter Stahlbeton einer definierten Dicke der

Bunkerfaust

3

Bunkerfaust

Bunkerfaust

103

Technische Daten	
Kaliber Gefechtskopf:	110 mm
Gewicht der Waffe, (schussbereit)	13,3 kg
Geschossgewicht:	4,3 kg
Gewicht der wiederverwendbaren Abschussvorrichtung mit Optik:	2,3 kg
Länge der Waffe	
- transportfertig:	1,22 m
- schussfertig:	1,27 m

Ballistische Daten des Geschosses	
Mündungsgeschwindigkeit:	149 m/s
Höchstgeschwindigkeit:	212 m/s
Flugzeit bis 300 m:	1,54 s
Durchschlagsleistung:	ohne Angabe
kleinster Auftreffwinkel:	10 ° (80 ° NATO)
Temperaturbereich:	–46 to +71 °C
Maximumbereich:	300 m
Minimumbereich:	15 m

Technische Daten der Bunkerfaust

Durchschlagswirkung der Bunkerfaust nicht standhalten kann. Die Bundeswehr hat diese Waffe für ihre Krisenreaktionskräfte beschafft. Weder in Europa noch in den USA gibt es derzeit ein vergleichbares Waffensystem für das Anwendungsspektrum von schnellen Eingreiftruppen und Krisenreaktionskräften. Die Bunkerfaust realisiert erstmals eine Waffe hoher Wirksamkeit gegen Ziele im Schutzzustand, besonders für alle infanteristisch eingesetzten Truppenteile im Orts- und Häuserkampf. Sie stellt durch Nutzung des Trägers Panzerfaust 3 und deren Ausbildungs-/Übungsgeräte eine besonders wirtschaftliche Lösung dar. Die Bunkerfaust ist ein Beispiel dafür, dass die Zeit vom Phasenvorlauf bis zur Einführungsgenehmigungstark verkürzt werden kann.

Trainingssysteme

Eine effektive, kostengünstige und realistische Ausbildung war im Bereich der militärischen Aus- und Weiterbildung schon immer von hervorgehobener Priorität. Im Rahmen von begrenzten Budgets wird dieser Aspekt in der Zukunft weiter an Bedeutung gewinnen. Für die Panzerfaust 3 wurde deshalb ein unter kalibriges Übungssystem mit 18 mm-Munition entwickelt. Das unterkalibrige Übungssystem ermöglicht dem Soldaten ein realistisches und kostengünstiges Üben mit dem System Panzerfaust 3 unter stark eingeschränkten Gefahrenbereichen. Für das virtuelle Training wurde das System Panzerfaust 3 in verschiedene Simulatoren und Gefechtsübungssysteme integriert. Somit steht dem Nutzer die Möglichkeit zur realistischen Ausbildung des Schützen sowohl im Rahmen der allgemeinen Schießausbildung, als auch im Rahmen der taktischen Ausbildung im Gefecht der verbundenen Waffen auf Gruppen-, Zug- und Kompanieebene zur Verfügung.

PzFaust 3- Abschussgerät (eingeführt)

PzFaust 3- Abschussgerät DYNARANGE für 600 m (in der Entwicklung)

PzFaust 3- Feuerleitvisier als Basis für DYNARANGE (auf dem Reißbrett)

Zusammenfassung und Ausblick

Die Panzerfaust 3 ist eine extrem preisgünstige Waffe zur Panzerabwehr, kann aber realistisch in der von der Bundeswehr eingeführten Version nur auf Entfernungen bis 400 m (mit optischem Visier) verwendet werden. Die Panzerfaust 3 hat inzwischen mit dem bereits beschriebenen und bei der Bundeswehr eingeführten Tandemgefechtskopf eine Kampfwertsteigerung erfahren. Mit dem von Dynamit Nobel entwickelten „Improved Tandem"-Gefechtskopf ist bereits die dritte Gefechtskopfgeneration für die Panzerfaust 3 verfügbar. Dieser verbesserte Tandemgefechtskopf durchschlägt nachgewiesener Maßen zuverlässig die Panzerung des russischen T-80U Kampfpanzers von allen Seiten. Dies ist für eine Waffe dieser Klasse weltweit einmalig. Neben der Anpassung der Wirkung im Ziel, die stets Vorrang vor allem anderen hatte, wurde auch die Zieleinrichtung von Dynamit Nobel verbessert. Dynamit Nobel hat mit der Entwicklung des kampfwertgesteigerten Abschuss- und Feuerleitgerätes DYNARANGE (siehe auch Abb. und Daten S.101/102 sowie S. 104) die technischen Voraussetzungen für eine Verbesserung der Treffgenauigkeit bei gleichzeitiger Erweiterung des Einsatzspektrums geschaffen. Mit Hilfe von DYNARANGE, das heißt der Panzerfaust 3-T600, können fahrende Ziele bis 600 m Entfernung effektiv und wirksam bekämpft werden. Das DYNARANGE-Abschussgerät misst die Entfernung zum Ziel mit Hilfe eines Laserentfernungsmessers sowie die Quergeschwindigkeit des Zieles. Hieraus berechnet der ballistische Computer einen Haltepunkt, der in die Optik eingespiegelt wird. Die Bedienung ist entsprechend der Auslegungsphilosophie bei der Panzerfaust 3 einfach – der Schütze muss nur noch eine ruhige Hand haben um zu treffen, alles andere übernimmt der Computer von DYNARANGE. Die notwendige Sensorik zur Ermittlung von Zielentfernung, Zielgeschwindigkeit und Umwelteinflüssen ist im Feuerleitgerät integriert und wird deshalb zusammen mit dem Abschussgerät wiederverwendet. Dies führt zu einer enormen Reduktion des Systempreises und erlaubt zukünftige Kampfwertsteigerungsmaßnamen ohne Änderungen am Flugkörper. Mit der verbesserten PzAbw-Patrone (Improved Tandem-Gefechtskopf) sowie dem DYNARANGE-Abschussgerät wird dem Nutzer ein System mit großem Aufwuchspotenzial zur Verfügung stehen. Die Panzerfaust 3 bietet durch ihre kurze minimale Kampfentfernung, verbunden mit der Fähigkeit zum Schießen aus umbauten Räumen eine optimale Mehrzweckeinsatzfähigkeit. Hierbei wird berücksichtigt, dass beim Orts- und Häuserkampf der Kampf gegen Heckenschützen eine vorrangige Bedeutung haben wird. Dies bedeutet möglicherweise auch den Kampf gegen bewaffnete Zivilisten. Man kann nun davon ausgehen, dass beim Einsatz von Hohlladungsgefechtsköpfen gegen Gebäude darin befindliche Personen in der Regel zwar außer Gefecht gesetzt, aber nicht getötet werden. Hierfür ist also eine Direkt-Angriffs-Waffe hervorragend geeignet. Im Orts- und Häuserkampf kann damit aus jeder Lage heraus ein Ziel bekämpft werden, unabhängig davon, ob der Schütze aus dem Keller auf ein exponiertes Ziel oder von einem Dach unter großem Depressionswinkel angreift. Kurz gesagt bedeutet dies, dass alle Ziele aus allen Richtungen, allen Positionen und auf jede Entfernung erfolgreich bekämpft werden können. Die Witterungsbedingungen spielen hierbei kaum eine Rolle. Gegen Hard- und Soft-kill-DAS-Systeme sind diese Waffen eher resistent als andere „hochtechnologisierte" Varianten. Die Panzerfaust 3 besitzt keine aktiven Komponenten in den Gefechtsköpfen. Eine Reduktion des Radar-Rückstrahlquerschnittes führt ebenfalls zu einer gewissen Immunität gegenüber DAS-Systemen. Eine weitere, sehr einfache Möglichkeit zur Überwindung aktiver Schutzsysteme besteht darin, nahezu gleichzeitig zwei Flugkörper auf dasselbe Ziele abzufeuern. Aufgrund des üblicherweise günstigen Preises von Direkt-Angriffs-Waffen ist nur mit diesen Waffen ein solcher „Doppelschuss" wirtschaftlich möglich. Bei Top-Attack oder Overfly-Top-Attack-Waffen scheitert diese Option an den Kosten. Eine Waffe wie die Panzerfaust 3 ist eine preisgünstige Lösung für die Infanterie und deckt vor allem den Nahbereich des Gefechtsfeldes ab. Mit einer weiter optimierten PzAbw-Patrone ist eine Zielbekämpfung bis 1000 m durchaus möglich. Somit kann das bestehende System Panzerfaust 3 schrittweise und kostengünstig kampfwertgesteigert werden und ist damit auch in der Zukunft noch bedrohungsgerecht. ■

Es versteht sich von selbst, dass die Munition für die Wirksamkeit der Handwaffen von allergrößter Bedeutung ist. Eine besonders interessante Entwicklung, eine schadstoffarme Infanteriemunition von Dynamit Nobel, zeigt der folgende Beitrag.

4

Munition

Schadstoffarm und sicher

Moderne Infanteriemunition

Auf dem Übungsgelände des Kommandos Spezialkräfte (KSK) bereiten Soldaten die Stürmung eines Gebäudes vor.

In den siebziger Jahren des 20. Jahrhunderts wurden in verschiedenen Raumschießanlagen deutscher Polizeibehörden zahlreiche Schadstoffmessungen durchgeführt. Hierbei stellte man fest, dass die Schadstoffbelastungen mit der damaligen Standardmunition 9 mm x 19, DM11A1B2, Weichkern, im Übungsbetrieb für die Gesundheit des Schießstandpersonals zu risikoreich waren, weil die Schadstoffkonzentrationen deutlich über den zulässigen MAK-Werten (Maximale Arbeitsplatzkonzentration von Schadstoffen) lagen.

Zum gleichen Zeitpunkt wurde das Schießtraining der Polizeibeamten in Deutschland und den Niederlanden mit der Einführung neuer Waffen im Kaliber 9 mm x 19-Munition mit dem 8,0 g Vollmantelgeschoss erheblich verstärkt.

Die Konsequenzen, die sich aus den hohen Schadstoffkonzentrationen für das Schießtraining der Polizei ergaben, waren erheblich. Die Be- und Entlüftungssysteme der bereits bestehenden Raumschießanlagen konnten nicht so effektiv umgebaut werden, dass der Schießbetrieb im gleichen Umfang weiter durchgeführt werden konnte.

Schadstoffemissionen am Beispiel der Munition 9 mm x 19, DM11A1B2, Weichkern

Bei Verwendung der bisherigen Standardmunition mit SINOXID-Zündsatz entstanden Schadstoffemissionen beim Abschuss durch zwei Munitionskomponenten:
- das Anzündhütchen und
- das Vollmantelgeschoss mit Bleikern und offenem Geschossheck.

Der SINOXID-Zündsatz, der sich weltweit durchgesetzt hat, emittiert Blei, Barium und Antimon.

Beim Vollmantelgeschoss wird darüber hinaus Blei und der Legierungsbestandteil Antimon durch den am Geschossheck freiliegenden Bleikern emittiert.

Die zulässigen Mengen dieser Schadstoffe werden nach der „Maximalen Arbeitsplatzkonzentration von Schadstoffen" (MAK-Werte) festgelegt. Für die vorgenannten toxischen Schadstoffe sind folgende Maximalwerte festgelegt:
- Blei 0,1 [mg/m^3]
- Barium 0,3 [mg/m^3] und
- Antimon 0,5 [mg/m^3].

Standard-Vollmantel-Geschoss 8,0 g
der Patrone 9 mm x 19, DM11A1B2, Weichkern

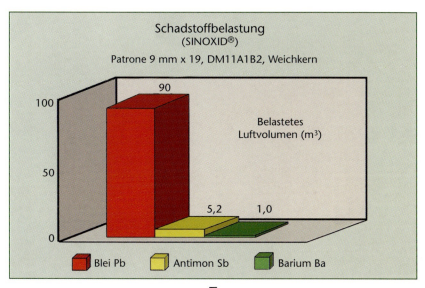

=

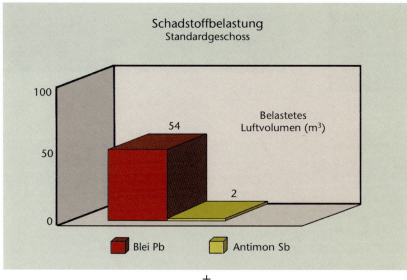

+

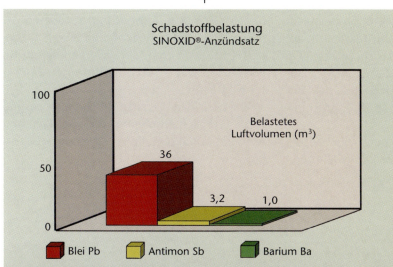

Um einen Vergleich der Schadstoffemissionen der verschiedenen Munitionskomponenten deutlich zu machen, wurde das zu entsorgende Luftvolumen in einem Schießraum für einen Schuss 9 mm x 19, DM11A1B2, Weichkern – bezogen auf die vorgenannten zulässigen MAK-Werte der einzelnen chemischen Elemente – berechnet (Siehe dazu auch die drei Schadstoffbelastungsdiagramme auf dieser Seite. Das erste Diagramm zeigt dabei die Summe der beiden unteren Diagramme für Anzündsatz und Geschoss.).

Zur Eliminierung der zu hohen Schadstoffemissionen war es also notwendig, einen neuen Zündsatz mit schadstofffreien chemischen Komponenten und ein Geschoss mit abgedecktem Heck des Bleikerns zu entwickeln.

Entwicklung einer schadstoffarmen Munitionstechnologie durch die Firma Dynamit Nobel

Die Polizei des Bundes – vertreten durch den Bundesminister des Inneren – regte folgerichtig 1976 bei der Firma Dynamit Nobel an, eine schadstoffarme Munition im Kaliber 9 mm x 19 für das Übungsschießen in Raumschießanlagen zu entwickeln.

In dreijähriger Entwicklungsarbeit wurde ab 1977 ein neuer schadstoffarmer Zündsatz mit dem Markennamen SINTOX im chemischen Labor des Werkes Stadeln bei Fürth entwickelt. Diese bahnbrechende Innovation folgte ca. 50 Jahre nach der Entwicklung des bereits weltbekannten SINOXID-Zündsatzes, der am selben Ort von der damaligen Rheinisch-Westfälischen Sprengstoff AG – RWS – entwickelt worden war und seinerzeit die bahnbrechenden Vorteile:

- Eliminierung von Erosion und Korrosion
- Perfekte chemische Stabilität
- Langzeitlagerungsfähigkeit und
- Optimale Anzündeigenschaften brachte.

Die Wortschöpfungen SINOXID und SINTOX leiten sich aus dem lateinischen „sine" ab – deutsch „ohne" – mit dem Hinweis auf Oxide bzw. toxische Inhaltsstoffe.

Die ersten Patronen mit SINTOX-Anzündhütchen wurden 1980 im Kaliber 9 mm x 19 an die deutschen Polizeibehörden ausgeliefert. Der SINTOX-Anzündsatz hat danach seinen Siegeszug gemacht. Heute setzt die Dynamit Nobel GmbH dieses moderne schadstoffarme Anzündhütchen generell in der Munition für die Polizei, für die deutsche Bundeswehr sowie teilweise für den zivilen Gebrauch ein.

Die Entwicklung der schadstoffarmen Munition mit SINTOX-Anzündung stellt bei der infrage kommenden konventionellen Munition eine große technische Innovation dar. Im Hinblick auf die umwelt- und arbeitsschutzrechtlichen Belange hat Dynamit Nobel damit ein „High-Tech"-Produkt entwickelt.

Komponenten	SINOXID®	SINTOX®
Sensibilisator	Tetrazen	Tetrazen
Primärexplosivstoff	Bleitrizinat	Diazol
Pyrosystem	Bariumnitrat Antimonsulfid Kalziumsilizid	Zinkperoxid Titan

Die Wortschöpfungen SINOXID und SINTOX sind aus dem Lateinischen abgeleitet. SINOXID bedeutet „ohne Oxide", SINTOX bedeutet „ohne Toxine (Gifte)". Die toxischen Stoffe des Anzündsatzes wurden gemäß Tabelle oben durch nicht-toxische ersetzt. Das nicht-toxische Tetrazen wurde beibehalten.

■ Entwicklung des schadstoffarmen SINTOX-Anzündsatzes

Bei der Forderung nach einer schadstofffreien Munition im Jahr 1976 war damals also das erklärte Entwicklungsziel, die bewährten aber toxischen Stoffe des SINOXID-Anzündsatzes wie Bleistyphnat, Bariumnitrat und Antimonsulfid zu ersetzen.

Als Sensibilisator wurde Tetrazen beibehalten, da es metallfrei und nicht-toxisch ist. Als Primärexplosivstoff wurde das metallfreie Diazol und als neues Pyrosystem Zinkperoxid/Titan gewählt. Mit diesen Stoffen ist der Aufbau des schadstoffarmen SINTOX-Anzündsatzes festgelegt.

Der SINTOX-Anzündsatz selbst wurde 1979 bei dem Deutschen und 1980 beim Europäischen Patentamt, der Markenname SINTOX und das Bildzeichen wurden 1983 als Warenzeichen rechtskräftig in der Bundesrepublik Deutschland angemeldet.

■ Geschossheckabdeckung

Die Dynamit Nobel GmbH entwickelte hierfür eine spezielle Abdeckung des Geschosshecks, die als hochgezogener Napf ausgebildet ist. Die Firma Metallwerke Elisenhütte Nassau – MEN – setzt hierfür eine Abdeckscheibe ein.

Bei der einen wie auch der anderen Lösung wird eine Schadstoffemission von Blei und Antimon durch ein offenes Geschossheck verhindert.

■ Geschossmantel

Beim Übungsschießen der deutschen Polizei – mit den verschiedenen neu eingeführten Pistolenmodellen mit sehr engen Rohrinnenprofilen – stellte sich einige Jahre später ein neues Sicherheitsproblem heraus. Bei Verwendung von Patronen mit dem herkömmlichen tombakplattierten Geschossmantel wurden teilweise Ablösungen der Tombakplattierung beim Schießen – in Form von kleinen Metallsplittern – festgestellt. Diese Kleinstteile führten vereinzelt zu Augenverletzungen beim Schützen.

Somit musste die Tombakplattierung des Stahlmantels, die einen Korrosionsschutz für diesen Mantel und gute Geschossreibungseigenschaften im Rohr gewährleistet, ersetzt werden. Bei Dynamit Nobel wurden umfangreiche Entwicklungsarbeiten durchgeführt, die zu einem neuen Konstruktionsstand führten, nämlich zu Galvanischer Verkupferung des Stahlmantels als Korrosionsschutz und zur Galvanischen Verzinnung des verkupferten Stahlmantels zur Erhaltung der guten Geschossreibungseigenschaften.

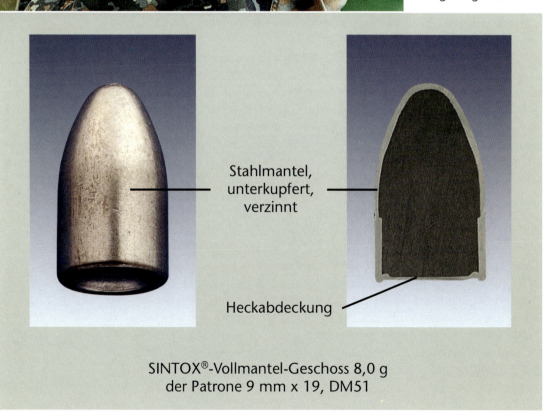

Stahlmantel, unterkupfert, verzinnt

Heckabdeckung

SINTOX®-Vollmantel-Geschoss 8,0 g der Patrone 9 mm x 19, DM51

Beim Vollmantelgeschoss wurde Blei und der Legierungsanteil Antimon durch den am Geschossheck freiliegenden Bleikern emittiert.
Die Geschossheckabdeckung verhindert nun eine Emission beider Schadstoffe (siehe auch Schadstoffemissionstabellen auf der Seite 109).

Kleinkalibrige schadstoffarme Munition für Polizei und Bundeswehr

1980 wurde also das erste Patronenlos mit schadstoffarmer SINTOX®-Anzündtechnologie im Kaliber 9 mm x 19 an die Beschaffungsstelle des Bundesministeriums des Inneren ausgeliefert.

Die Wehrtechnische Dienststelle der Bundeswehr – WTD 91 – führte in den achtziger Jahren des 20. Jahrhunderts in Amtshilfe für deutsche Länderpolizeibehörden wie auch für den eigenen Bundeswehrbereich umfangreiche Schadstoffmessungen mit zahlreichen Polizei- und Infanteriemunitionssorten durch. Das Ergebnis war durchgehend negativ.

1990 veröffentlichte der Bundesminister der Verteidigung einen Erlass mit dem Inhalt, dass die Bundeswehr zukünftig nur noch Produkte und Stoffe beschaffen werde, die Mensch und Umwelt vor schädlichen Belastungen schützen.

Dies führte dazu, dass auch die deutsche Bundeswehr im Jahr 1991 erstmalig eine schadstoffarme Munition mit SINTOX®-Anzündtechnologie beschaffte, nämlich die Patrone 7,62 mm x 51, DM111, Weichkern.

Hierauf folgten dann weitere Beschaffungsvorhaben schadstoffarmer Munitionstypen mit SINTOX-Anzündtechnologie:
- 1996 im Kaliber 7,62 mm x 51 zwei Manövermunitionstypen – mit Kunststoffhülse und Messinghülse
- 1995 je eine Einsatz- und Manövermunition für das Kaliber 9 mm x 19 und ab 1996 für das in die Bundeswehr neu eingeführte G36 Gewehr im NATO-Kaliber 5,56 mm x 45 zwei Einsatzmunitionstypen mit Doppelkern- und Leuchtspurgeschoss sowie zwei Manövermunitionstypen mit Kunststoff- und Messinghülse (siehe auch S. 114).

Patrone 9 mm x 19, DM51, Weichkern

Nach Einführung der schadstoffarmen Munition im Kaliber 7,62 mm x 51 für das Gewehr G3 und das Maschinengewehr MG3 wurde durch die Bundeswehr Anfang der 90er Jahre des 20. Jahrhunderts die Forderung nach einer schadstoffarmen Munition für die Pistole P1 und die Maschinenpistole MP2 (Uzi) gestellt.

Beide deutsche Munitionsfirmen, die Firma Dynamit Nobel und die Firma Metallwerke Elisenhütte Nassau MEN stellten dafür (wie oben schon gesagt) 1995 gemeinsam ein neues Munitionsmodell, die Patrone 9 mm x 19, DM51, Weichkern, vor (Bild oben).

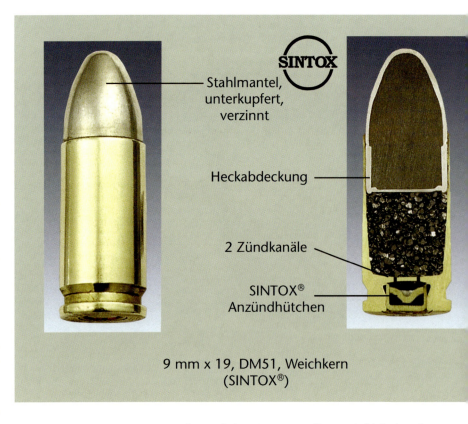

9 mm x 19, DM51, Weichkern (SINTOX®)

- Stahlmantel, unterkupfert, verzinnt
- Heckabdeckung
- 2 Zündkanäle
- SINTOX® Anzündhütchen

Dynamit Nobel und MEN stellten 1995 eine schadstoffarme Munition für die Pistole P1 und die Maschinenpistole MP2 (Uzi) vor.

SINTOX-Anzündhütchen und Zündglockensonderausführung der Patronenhülse für MP2

Der SINTOX-Anzündsatz ist deutlich gasreicher als der herkömmliche SINOXID-Anzündsatz, was einen höheren Gasdruck in der Zündglocke der Hülse zur Folge hat. Hierdurch können Probleme in der Maschinenpistole MP2 (Uzi) in Form von Schlagbolzendurchschlägern des Anzündhütchens auftreten, die einen Gasaustritt durch das Anzündhütchen auf den Schlagbolzen und den Stoßboden des Verschlusses zur Folge haben.

Dieses Problem wurde durch die Firma Dynamit Nobel dadurch gelöst, dass die Zündglocke einen sogenannten „Hinterschnitt" erhält (Zeichnung S. 114). Beim Auftreffen des massiven Schlagbolzens der MP2 auf das Anzündhütchen kann der Amboss des Anzündhütchens in die Zündglocke „abtauchen", wodurch eine Materialüberdehnung des Bodens des Anzündhütchens zwischen Schlagbolzen und Amboss vermieden wird. Schlagbolzendurchschläger werden so verhindert.

4

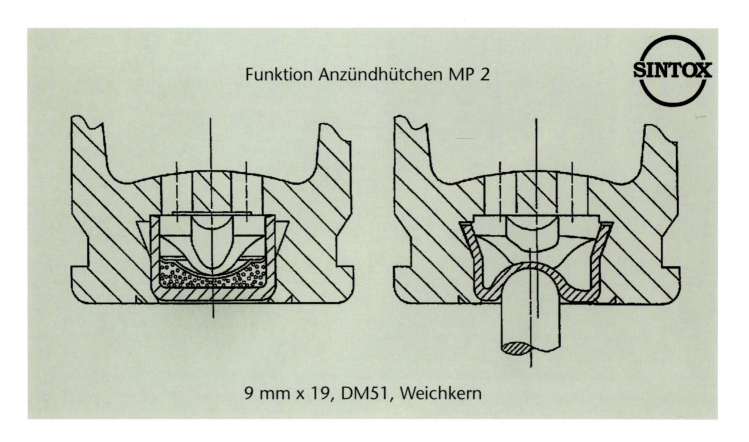

Funktion Anzündhütchen MP 2

9 mm x 19, DM51, Weichkern

- **Entwicklung eines Vollmantelgeschosses mit Geschossheckabdeckung für die schadstoffarme Patrone 9 mm x 19**

Parallel mit der Entwicklung des SINTOX-Anzündsatzes und der Zündglockensonderausführung (Bild oben) für die Munition der MP2 wurde die Abdeckung des Bleikerns am Geschossheck durchgeführt.

Durch die Heckabdeckung des Geschosses und den schadstoffarmen SINTOX-Anzündsatz werden beim Abschuss keine schadstoffhaltigen Schwermetalle mehr emittiert.

gemäß NATO erfüllen sollte. Die Firma Metallwerke Elisenhütte Nassau (MEN) beteiligte sich an der Entwicklung.

Nachdem von der Bundeswehr entschieden wurde, das Gewehr G36 von der Firma Heckler & Koch zu beschaffen, erfolgte die Munitionsentwicklung in enger Zusammenarbeit mit der das Gewehr fertigenden Firma Heckler & Koch in Oberndorf.

Die gemeinsame Systementwicklung hatte das Ziel, die Treffgenauigkeit von Waffe und Munition auf den höchstmöglichen Stand zu bringen; was auch eindrucksvoll gelang.

Das Problem der Schlagbolzendurchschläger löste Dynamit Nobel dadurch, dass die Zündglocke einen „Hinterschnitt" erhielt. Die Schadstoffbelastung durch die 9 mm-SINTOX-Munition ist erheblich niedriger als die Belastung durch die SINOXID-Munition (vergl. S.109).

Schadstoffarme Einsatzmunition für Pistole P8 und Gewehr G36 der deutschen Bundeswehr

Anfang der 90er Jahre des 20. Jahrhunderts entschied der Bundesminister der Verteidigung, dass ein neues Infanteriegewehr im standardisierten Kaliber 5,56 mm x 45 der NATO eingeführt werden solle.

- **Patrone 5,56 mm x 45, DM11, Doppelkern**

Die Dynamit Nobel begann 1993 mit der Entwicklung einer entsprechenden schadstoffarmen Munition, die sämtliche Leistungsdaten

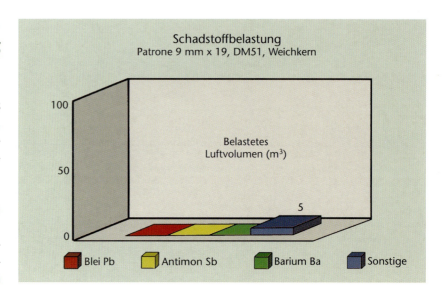

Im Jahr 1996 wurde das erste Munitionslos der Patrone 5,56 mm x 45, DM11, Doppelkern, an die Bundeswehr ausgeliefert (Bild unten rechts).

Der Geschossmantel besteht aus einem tombakplattierten Stahlmantel, der galvanisch verzinnt ist, um die Geschossreibung zu reduzieren.

■ Doppelkerngeschoss

Das 4,0 g Doppelkerngeschoss der Patrone 5,56 mm x 45, DM11 entspricht im Aufbau prinzipiell dem der NATO-Patrone 5,56 mm x 45, SS109 (Bild mitte rechts). Um eine gute endballistische Leistung gegen Hartziele zu erreichen, besitzt das Doppelkerngeschoss – wie das SS109-Geschoss – im Bug einen gehärteten „Stahlkernpenetrator" und im Heck einen Bleikern.

Zur Verhinderung von Blei- und Antimon-Emissionen besitzt auch dieses Geschoss eine Heckabdeckung, die als Metallscheibe ausgebildet ist. Der Geschossmantel besteht aus einer Kupferlegierung, wie es dem internationalen Standard entspricht. Durch die bleifreie Atmosphäre der schadstoffarmen Munition wird eine erhöhte Geschossreibung im Waffenrohr erzeugt. Um diese wieder auf ein Normalmaß zu reduzieren, wurde der Geschossmantel galvanisch verzinnt.

Vergleichserprobungen bei der NATO zeigten, dass sich die neue schadstoffarme Patrone der deutschen Bundeswehr bezüglich Treffgenauigkeit und endballistischen Leistungen auch mit den Standardpatronen der namhaftesten internationalen Mitbewerber messen kann.

Bei dieser Patrone wird ebenfalls die schadstoffarme SINTOX-Anzündtechnologie und die Geschossheckabdeckung eingesetzt. Damit werden auch hier keine schwermetallhaltigen Schadstoffe emittiert.

■ Patrone und Geschoss 5,56 mm x 45, DM21, Leuchtspur

Im Jahre 1995 wurde von der Bundeswehr ein Bedarf an Leuchtspurmunition für das neue Gewehr G36 angemeldet, wobei die ballistischen Leistungen denen des DK-Geschosses möglichst nahe kommen sollten (siehe auch die Kurven auf der nächsten Seite). Dynamit Nobel begann 1996 die Munitionsentwicklung mit dem schadstoffarmen SINTOX-Anzündhütchen.
Im Jahre 1998 ist das erste Munitionslos der Patrone 5,56 mm x 45, DM21, Leuchtspur an die Bundeswehr ausgeliefert worden.

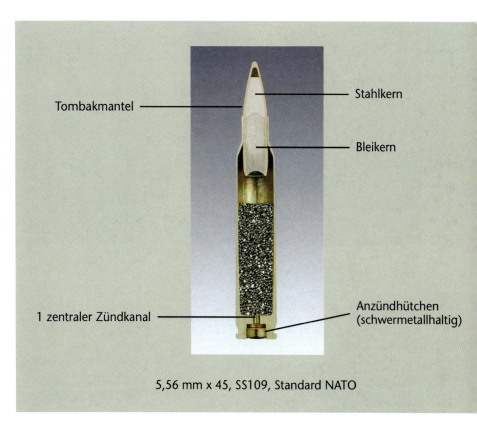

5,56 mm x 45, SS109, Standard NATO

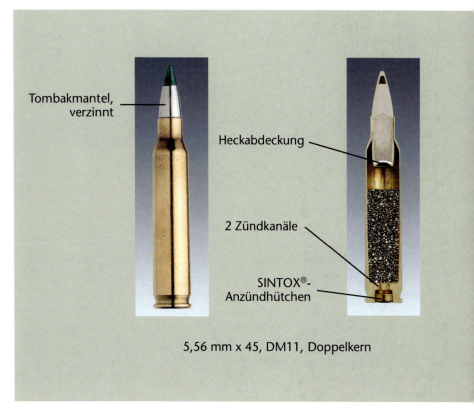

5,56 mm x 45, DM11, Doppelkern

5,56 mm x 45, DM 11, DK

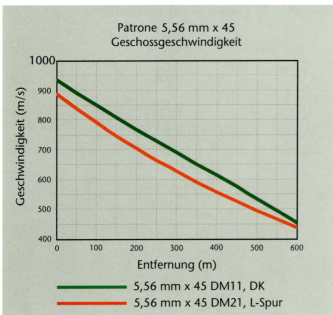
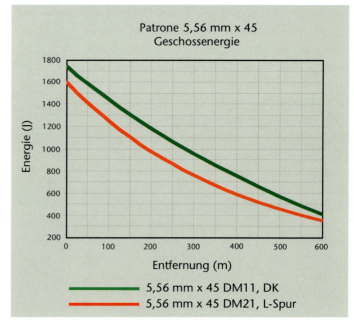

Ein Vergleich beider Patronen zeigt einen nur geringen Geschwindigkeits- und Energieabfall des Leuchtspurgeschosses (L-Spur) gegenüber dem Doppelkerngeschoss (DK). Das heißt: Es ist den Firmen Dynamit Nobel und MEN Elisenhütte gelungen, die ballistischen Eigenschaften fast identisch zu gestalten.

NATO Qualifikation

Die beiden deutschen Munitionshersteller Dynamit Nobel und MEN Metallwerke Elisenhütte Nassau lieferten 1999 aus ihren Fertigungen jeweils Munition an das Regional NATO Test Center in Großbritannien.

Die umfangreichen Prüfungen nach dem NATO-Handbuch wurden in sämtlichen geforderten Klima- und Temperaturbereichen durchgeführt und mit bestem Erfolg abgeschlossen.

Im Jahr 2000 wurde dann dieser neue Munitionstyp beider Hersteller als erste schadstoffarme Munition überhaupt in der NATO nach (Standardisierungsübereinkommen) STANAG 4172 zur Austauschbarkeit (als kompatibel) qualifiziert.

5

Zukunftsvision

N atürlich weiß niemand genau, was die Zukunft bringt, besonders im Bereich der Militärwaffen. Vor allem die sich ändernden Anforderungen an eine moderne Armee und die daraus resultierenden neuen Aufträge an die Streitkräfte machen es fast unmöglich, einen Blick in die weitere Zukunft zu werfen. Für die nähere Zukunf allerdings kann man interessante Aussagen machen. Hier soll nun zunächst ein Blick auf allgemeine technologische Trends geworfen werden, bevor an zwei Waffensystemen, sprich Handwaffen der Zukunft, konkrete Beispiele für eine mögliche zukünftige Bewaffnung aufgezeigt werden.

Unser Bild zeigt den zukünftigen amerikanischen Infanteristen, wie er im Land Warrior System geplant ist.

Elektronik

Wie in nahezu allen technologischen Bereichen ist es die Elektronik, die am stärksten zum Fortschritt beiträgt. Das ist in diesem Falle nicht anders. Es steht fest: Der Soldat der Zukunft wird einem wandelnden Computer immer ähnlicher. So war und ist Information am richtigen Ort, zur rechten Zeit und in der richtigen Aufbereitung schon immer gefechtsentscheidend. Die Informationsgewinnung und Informationsweitergabe wird in Zukunft bereits beim einzelnen Soldaten beginnen. Er wird dann zum Beispiel über einen Rechner mit integrierter Kommunikation und integrierter Satellitennavigation (GPS) verfügen, die ihrerseits mit Helmvisieren verbunden sein könnten (ein Beispiel für ein Helmvisier zeigt das Bild auf der nächsten Seite, das allerdings hier das Helmvisier eines Hubschrauberpiloten ist) oder aber mit Feuerleitgeräten von Waffen. So stünden vielerlei zweckdienliche Informationen einer Vielzahl von Nutzern vom einzelnen Soldaten bis zu den Gefechtsständen zur Verfügung. An der Handwaffe beispielsweise könnte ein optronisches Zielfernrohr montiert sein, das sein Bild an das eigene Helmvisier sendet oder aber auch an andere Bedarfsträger dieser Information, zum Beispiel einen Beobachter der Artillerie. Dies alles könnte in Echtzeit geschehen. Dass das Zielfernrohr ebenfalls über einen Laser-Entfernungsmesser und ein Wärmebildgerät verfügen würde, versteht sich fast von selbst.

Munition

Natürlich sind und bleiben tragbare Laserwaffen für den Einzelkämpfer eine Illusion. Die derzeitige Munition für Handwaffen, die dank kinetischer Energie im wesentlichen wirkt, wird auch in den nächsten Jahrzehnten Realität bleiben. Allerdings schreitet auch hier die Entwicklung voran und besonders auffällig ist sie im Bereich der Hartkerngeschosse. Panzerungen, die noch vor wenigen Jahren für Handwaffen-Munition als undurchdringlich galten, sind heute als Schutz gegen die vielfältig vor allem im Werkstoff- und Aufbaubereich verbesserten Hartkerngeschosse nicht mehr ausreichend. Als Beispiel kann hier die bereits weiter vorne angesprochene von MEN entwickelte Hartkernmunition für das G22 genannt werden. Auch die Entwicklung verbesserter Treibladungspulver spielt hierbei natürlich eine Rolle. Diese Treibladungspulver machen zum Beispiel auch die Verwirklichung neuer und wirksamer Kaliber für Handwaffen möglich.

Die Allzweck-Handwaffe OICW, die im folgenden noch beschrieben wird und über Geschosse vom Kaliber 20 mm x 28 verfügt, ist dafür ein gutes Beispiel. Aus dem gleichen Grund tendieren die Kaliber der Handwaffen andererseits zu einer Munition immer kleineren Kalibers. So ist die Munition der neuen Waffe PDW, die auf den nächsten Seiten vorgestellt wird, vom Kaliber 4,6 mm x 30 und dennoch hoch wirksam. Mit den Geschossen größeren Kalibers hat auch intelligente Munition in den Bereich der Handwaffen Einzug gehalten, wie das Beispiel OICW zeigen wird. Zu erwähnen ist noch, dass es in Zukunft angesichts der neuen Aufgaben für Streitkräfte auch nicht-lethale Waffen geben wird wie Netze oder Klebstoffe oder Weichgeschosse. Sie werden da eingesetzt, wo die Verhältnismäßigkeit der Mittel es erfordert.

Bereich der Handwaffen. So wird der gegen Handwaffen wirksame Körperschutz des Soldaten Zug um Zug verbessert, sodass immer widerstandsfähigere Helme und Schutzwesten entwickelt und beschafft werden.

An den nachfolgenden Beispielen innovativer, manchmal geradezu revolutionärer Entwicklungen soll gezeigt werden, was kommen kann oder für die Bundeswehr nützlich wäre, wenn die knappe Haushaltslage eine Beschaffung eines Tages erlauben würde. Allerdings sind die vorgestellten Waffen praktisch einführungsreif und für den Einsatz in der Bundeswehr hervorragend geeignet und teilweise auch dringend gewünscht. Auf jeden Fall muss sichergestellt werden, dass unsere Soldaten immer die Waffen erhalten, die sie zur Erfüllung ihrer Aufgaben brauchen.

Schutzsysteme

Mit der Verbesserung der Waffenwirkung geht seit jeher auch die Verbesserung des Schutzes einher. Der ewige Wettlauf Panzerwaffe und Panzerschutz zeigt das besonders deutlich. Ähnlich verläuft die Entwicklung aber auch im

Der im Helmsubsystem installierte Kleinstcomputer und die sensorisch angesteuerte Anzeige bilden die Schnittstelle des Soldaten mit den übrigen Subsystemen auf dem Gefechtsfeld. Über die Helmanzeige erhält der Soldat grafisch dargestellte Daten, digitale Landkarten, wichtige Gefechtsfeldinformation und die Zieldarstellung von seinem auf dem Sturmgewehr installierten Wärmebildgerät und der Videokamera. Damit kann der Soldat sozusagen um die Ecke schauen und ein Ziel bekämpfen, ohne die Deckung zu verlassen.

Klein, aber oho!

Die PDW 4,6 mm x 30 von Heckler & Koch

Sie ist weder ein Sturmgewehr noch eine Maschinenpistole oder gar eine Pistole. Dennoch ist die PDW eine der wichtigsten Entwicklungen der letzten Jahrzehnte und wird die Bewaffnung der Soldaten nachhaltig verändern.

Nur der geringste Teil der Soldaten der Bundeswehr und anderer Armeen sind Soldaten im klassischen Sinne, d. h. Soldaten, die dem Feind mit dem Gewehr in der Hand direkt gegenüber stehen. Nicht nur die veränderte Art von Konflikten, mit denen es eine moderne Armee heute zu tun hat, auch die zunehmende Zahl an Waffensystemen wie Kampfpanzer, Hubschrauber oder Artillerie lassen den klassischen Grenadier oder Jäger fast etwas in den Hindergrund treten. Hinzu kommt ein großer Apparat aus Kampfunterstützungs- und Versorgungseinheiten. Und all die Soldaten, die nicht mit dem Sturmgewehr direkt gegen den Gegner kämpfen, müssen dennoch ausreichend bewaffnet sein. Sei es der Fahrer eines LKW in einem Nachschubkonvoi, sei es die Besatzung eines rückwärtigen Gefechtsstands, seien es die Sanitäter oder die Besatzung eines ausgefallenen Panzers. Ihre primäre Aufgabe sieht keinen direkten Kampf mittels eines Sturmgewehres gegen den Feind vor. Feindliche Jagdkommandos oder Stoßtrupps bedrohen den Nachschubkonvoi jedoch ebenso wie den Gefechtsstand und Sanitäter; auch ausgebootete Panzerbesatzungen sind gegen plötzlich auftauchenden Feind nicht gefeit. Bunt gemischt war bisher die Bewaffnung dieser Einheiten. Während der Sanitäter eine Pistole führte, musste sich die Panzerbesatzung mit der MP verteidigen. Im Führerhaus des LKW-Fahrers stand ebenso ein G3 oder ein G36 wie in der entsprechenden Halterung des Funkpanzers. Wo die Besatzung einer Feldküche ihre Waffen hatte, lässt sich oft nur mutmaßen. Es ist nun einmal so, dass eine Waffe, die gerade nicht für die Erfüllung des Auftrages gebraucht wird, in erster Linie einfach stört. Der Sanitäter braucht seine Hände für die Verwundeten und trägt lieber einen Verbandsrucksack als ein Gewehr. Pistole oder Maschinenpistole sind hier zwar von der Größe her eine Alternative, stellen aber aus zwei Gründen nur eine suboptimale Lösung dar: Da wäre zum ersten die Treffgenauigkeit mit solchen Waffen. Wird ein Gefechtsstand angegriffen, so liegt der feindliche Stoßtrupp gut gedeckt in einiger Entfernung im Wald. Mit einer MP oder gar einer Pistole sind Treffer nur auf kurze Distanzen zu garantieren. Nur, wenn der Feind sich auf Nahkampfdistanz genähert hat, sind MP und Pistole nicht der Kategorie Munitionsverschwendung zuzuordnen. Der zweite Grund, der gegen den Einsatz von Pistole und MP für diese Truppenteile spricht, ist die mangelnde Durchschlagsleistung der Munition. Leicht gepanzerte Fahrzeuge wie auch einfachste Deckung halten die verwendete 9 x 19 Munition bereits auf. Dank des immer besser werdenden ballistischen Körperschutzes ist eine Wirkung auch bei direkten Personentreffern nicht immer gewährleistet.

Die Ausrüstung der vorgenannten Truppenteile mit einem Sturmgewehr wäre also eine mögliche Lösung. Das G36 trifft auch auf größere Entfernung noch präzise und es verschießt durchschlagkräftige Munition. Allerdings ist das Sturmgewehr wiederum so groß, dass es die entsprechenden Soldaten bei ihrer primären Aufgabe behindert und deshalb nicht am Mann mitgeführt wird. Als einzig sinnvolle Lösung erscheint hier eine Waffe, die von den Ausmaßen her so klein ist, dass sie immer am Mann mitgeführt werden kann, ohne den Träger bei der Erledigung seiner Aufgaben zu behindern und gleichzeitig die Präzision und die Durchschlagskraft eines modernen Sturmgewehrs bietet.

Was vor wenigen Jahren noch als unerfüllbare wie diametral konträre Forderung gegolten hätte, ist aufgrund der besseren Werkstoffe und der Entwicklung im Bereich der Munition nun in den Bereich des Realisierbaren gerückt. Die PDW ist eine vollwertige Verteidigungswaffe, die von der Größe zwischen Pistole und MP liegend, eine Munition verschießt, die im Einsatzbereich der PDW der Leistung der 5.56 mm x 45 in nichts nachsteht. Die PDW schließt damit endlich und erstmalig die von Pistole und MP nur unzureichend ausgefüllte Lücke unterhalb des Sturmgewehres.

Konzeption

PDW steht für Personal Defence Weapon, also für Persönliche Verteidigungswaffe. Und dieser Begriff beschreibt den Einsatzzweck der PDW sehr genau. Sie ist als Verteidigungswaffe für all diejenigen Soldaten gedacht, die – wie oben geschildert – primär andere Aufgaben

Auch für die Sondereinheiten der Bundeswehr ist die PDW eine interessante Waffe.

haben, als den Gegner mit dem Sturmgewehr zu bekämpfen. Sollten diese Soldaten direkt von einem Gegner angegriffen werden, so gilt es für die Sanitäterin oder den Koch sich ebenso zu verteidigen, wie für den Nachschubfahrer oder den sich am Boden befindenden Hubschrauberpiloten.

In der Bundeswehrführung, wie in anderen Nato-Armeen laufen daher seit Jahren Überlegungen für eine Waffe, die die Bewaffnungslücke unterhalb des Sturmgewehres richtig ausfüllen kann. In der Bundeswehr liefen solche Überlegungen unter dem Begriff „Nahbereichswaffe".

Im Hause Heckler & Koch in Oberndorf/Neckar hat man sich die Anforderungen der Bundeswehr sehr genau angehört. Die Umsetzung in die Praxis zeugt von hochstehender Technik und Innovationsfreude und erfüllt die Forderungen an eine Nahbereichswaffe perfekt.

Der Aufbau

Die Heckler & Koch PDW besteht aus fünf Baugruppen:

- Gehäuse mit Rohr und Abzugseinrichtung (1)
- Verschluss mit Schließfeder (2)
- Bodenstück mit Schulterstütze und Durchladehebel (3)
- Deckel (4) und
- Magazin (5) sowie
- der Visierung (6).

Die PDW kann ohne Werkzeug schnell und einfach in ihre Baugruppen zerlegt werden. Dazu müssen lediglich drei Steckbolzen entfernt werden. Zwei der Bolzen verbinden das Bodenstück mit dem Gehäuse, der dritte fixiert den Deckel. Damit ist eine schnelle Zerlegbarkeit, auch im Felde, garantiert.

Die PDW in ihre Baugruppen zerlegt mit dem 20- und dem 40-Schuss Magazin.

Gehäuse mit Rohr und Abzugseinrichtung

Damit eine Waffe von Soldaten, die primär keine Handwaffe benötigen, immer mitgeführt wird, muss sie kompakt und leicht sein. Durch die moderne Kunststoff-Spritzgusstechnik ist es möglich, leichte Waffen mit so wenig Stahl wie möglich zu fertigen. Dies hat H&K ja bereits eindrucksvoll beim G36 unter Beweis gestellt. Bei der PDW ist das Verriegelungsstück, das beim Spritzvorgang in das Gehäuse integriert wird, das einzige Stahlstück in diesem. Von hinten wird später der Verschluss in das Verriegelungsstück arretiert, während von vorn das 180 mm lange, innen hartverchromte Polygonalrohr verschraubt wird. Im vorderen Drittel des Rohres ist die Gasabnahme auf diesem verstiftet. Sie leitet die notwendige Gasmenge über einen Gaskolben direkt auf den Verschluss. Auf der Gasabnahme ist bei den frühren Versionen der PDW gleichzeitig das Notkorn angebracht. Ob in der späteren Serie das Notkorn hier noch platziert sein wird, ist zur Zeit noch nicht sicher, da die Ingenieure noch über alternative Platzierungen nachdenken. Das Rohr hingegen wird in der Serienfertigung auf jeden Fall ein Mündungsgewinde aufweisen, um entweder einen Mündungsfeuerdämpfer, ein Manöverpatronengerät oder für besondere Einsätze einen Schalldämpfer aufzunehmen.

Die gesamte Abzugsmechanik ist im Gehäuse integriert. Die auf beiden Seiten vorhandene Sicherung weist drei Stellungen auf. In der obersten ist die PDW gesichert, in der mittleren schießt die Waffe Einzelfeuer, in der unteren Dauerfeuer. Am hinteren Ende des Abzugsbügels sitzt der ebenfalls beidseitig bedienbare Magazinhalter. Bei der Konstruktion der PDW wurde auf absolut beidseitige Bedienbarkeit Wert gelegt.

Unterhalb des Rohres weist die PDW einen klappbaren Vordergriff auf. Zwar ist dieser Griff aufgrund des äußert geringen Rückstoßes der Waffe nicht notwendig, bringt jedoch in den verschiedenen Anschlagsarten ergonomische Vorteile und erhöht somit die Trefferwahrscheinlichkeit. Um die Waffe jedoch kompakt zu halten, war die Entscheidung den Griff klapp-

Das Gehäuse einer frühen PDW. Gut ist die Gasentnahme zu erkennen. Noch ist ein Notkorn vorhanden, das Mündungsgewinde für den Feuerdämpfer oder das MPG fehlt jedoch noch. Auch weist diese Stufe noch den großen Deckel auf.

bar zu gestalten, nur folgerichtig. Die Waffe kann nun dank ihrer kompakten Ausmaße leicht in einem Gürtel- oder Schulterholster mitgeführt werden und ist bei Bedarf durch Ausklappen des Griffes und Ausziehen der Schulterstütze blitzschnell in eine „normalgroße" Waffe zu verwandeln.

Auf der Oberseite des Gehäuses weist die PDW ein Picatinny Rail auf. Diese militärische Version der Weaverschiene dient zur Befestigung optionaler Zielgeräte. Hinter dem Rail befindet sich eine kleine offene Kimmeneinheit, die zusammen mit dem Korn auf der Gasentnahme bei Ausfall des optischen Zielgerätes verwendet werden kann.

Verschluss

Der Verschluss der PDW ist augenscheinlich ein naher Verwandter des G36-Verschlusses. Aufgrund der guten Erfahrungen, die man beim G36 mit dem Drehkopfverschluss gemacht hat, entschied man sich nach ausführlichen Tests, auch mit anderen Verschlussvarianten für ein Warzen-Drehkopfverschluss. Der Verschluss weist ein Gesamtgewicht von 400

Der Verschluss der PDW ist einfach aufgebaut und nur 400 Gramm schwer. Er kann ohne Werkzeug zerlegt werden.

Gramm auf. Seine sechs Warzen fahren in das Verriegelungsstück, das im Gehäuse integriert ist, ein, um dort mittels einer Drehung des Kopfes um 25 Grad zu verriegeln. Die Verriegelungsfläche beträgt knapp 35 mm². Die flache Verschlusskurve sorgt für einen kurzen Verriegelungsweg von 10 mm bei einem Gesamtweg des Verschlusses von 80 mm. Dies trägt in der Summe zu einer sehr kurzen Verschlussgesamtlaufzeit, also einem schnellen Repetiervorgang bei. Die Kadenz der PDW liegt mit rund 950 Schuss pro Minute recht hoch. In den Verschlusskopf ist der massiv gehaltene Auszieher integriert. Der Schlagbolzen ist federgestützt und verfügt an seinem hinteren Ende über eine Fallsicherung, die nur bei Auslösen des Hahns den Schlagbolzen frei gibt. Selbstverständlich ist der Verschluss ohne Werkzeug leicht und schnell zu zerlegen.

Die Schließfeder wird im Verschluss geführt und findet ihr hinteres Lager in einer Buchse im Bodenstück. Auf einer vorne und hinten mit Scheiben geschlossenen Federführungsstange von 125 mm Gesamtlänge wird die 0,6 mm starke Schließfeder aus Flachstahl geführt. Sie dient technisch lediglich dazu, den Verschluss auf dem Weg nach hinten vor dem hinteren Umkehrpunkt zu bremsen und dann wieder nach vorne zu beschleunigen.

Bodenstück mit Schulterstütze und Durchladehebel

Das Bodenstück schließt das Gehäuse nach hinten ab und dient als Gegenlager für die Schließfeder. Darüber hinaus ist hier die ausziehbare Schulterstütze sowie die Durchladeeinrichtung befestigt. Nach Eindrücken eines kleinen Hebels auf der rechten Seite des Bodenstückes kann der Bediener die Schulterstütze um 195 mm ausziehen, wo diese dann selbsttätig einrastet. Die beiden Arme der Schulterstütze gleiten im Gehäuse in dafür vorgesehenen Führungen, um so die notwendige Stabilität im ausgezogenen Zustand zu gewährleisten.

Zwar ist die Schulterstütze recht kurz, dies ist jedoch ohne Nachteile. Der Schütze muss den Kopf lediglich etwas näher an die Waffe bringen. Aufgrund des geringen Rückstoßes und des Hülsenabweisers am Auswurffenster sind weder für Rechts- noch für Linksschützen in der Praxis Nachteile spürbar.

In einer Führung auf der Oberseite des Bodenstückes läuft der Durchladehebel, der die Form eines liegenden Y aufweist. Um die Waffe durchzuladen, ergreift der Schütze die beiden Arme des Hebels mit Daumen und Zeigefinger und zieht diese nach hinten. Die Form bedingt eine gute Griffigkeit, selbst wenn man Handschuhe trägt.

Das Bodenstück führt die ausziehbare Schulterstütze. Mittels des kleinen Hebels an der rechten Seite des Bodenstücks kann die Arretierung der Schulterstütze gelöst werden. Der Durchladehebel, hier wie die Schulterstütze nur halb ausgezogen, ist gut platziert und sehr griffig.

Visierung

Die PDW verfügt über eine integrierte offene Visierung, die jedoch nur als Notvisierung gedacht ist. Das Korn sitzt wie geschildert auf der Gasentnahme, die verstellbare Kimmeneinheit hinter der Picatinny-Schiene auf der Oberseite des Gehäuses. Diese Schiene dient der Aufnahme des Primärvisieres. Klassische Kimme/Korn-Visierungen jeder Art, so hat die Erfahrung gezeigt, liegen in der Treffwahrscheinlich- und -genauigkeit deutlich hinter optischen Visierungen zurück. Daher sollte die PDW als Primärvisier auch über ein einfaches aber präzises optisches Visier verfügen. Dank der Picatinny-Schiene kann der Nutzer generell aus der Vielzahl der am Markt befindlichen Zieloptiken wie Aimpoint, C-More oder Optima, um nur einige zu nennen, wählen. Hensoldt aus Wetzlar, bereits durch die G36-Visierungen bekannt, entwickelte hierfür ein einfaches Reflexvisier, das überzeugt. Primär handelt es sich dabei um eine senkrecht stehende Linse, auf die ein roter Leuchtpunkt, der als „Fadenkreuz" dient, eingespiegelt wird. Erzeugt wird dieser Punkt auf passive Weise durch das Umgebungslicht, das mittels einer Lichtsammelschnecke gesammelt und dann als orangefarbener Leuchtpunkt auf die 23 x 15 mm große Linse des Reflexvisiers projiziert wird. Bei nicht ausreichenden Lichtverhältnissen besteht die Möglichkeit, über eine zuschaltbare Leuchtdiode den Punkt unabhängig vom Umgebungslicht zu erzeugen. Der rote Punkt ist vom Auge des Schützen schnell aufzunehmen, wodurch eine unverzügliche Bekämpfung des Ziels sowie schnelle Zielwechsel möglich sind. Selbstverständlich ist das Visier in Höhen- und Seitenrichtung justierbar. Interessant ist auch, dass das Reflexvisier unabhängig von der Anschlagsart genutzt werden kann. Ob im einhändigen oder beidhändigen Pistolenanschlag bei weiter Entfernung vom Auge zum Visier oder von der Schulter, geschossen (mit nur wenigen Zentimetern vom Auge zum Visier), der Punkt ist leicht und schnell zu finden und ebenso auf das Ziel zu bringen. Das einfache, robuste und mit 99 Gramm sehr leichte optische Reflexvisier stellt sicher, dass die Soldaten vor allem auf Entfernungen von 100 Metern und mehr deutlich schneller und präziser treffen als mit Pistole oder Maschinenpistole. Hinzu kommt dann noch die erheblich verbesserte Wirksamkeit der Munition.

Deckel

Der Deckel, der von vorne über den Lauf geschoben wird, dient dazu, den Verschluss von oben und die Gasentnahme nach vorn abzudecken. Allerdings gibt es auch bereits Versionen der PDW, in denen das Gehäuse in diesem Bereich deutlich anders ausgeformt ist und so der Deckel erheblich kleiner wird. Auch bezüglich anderer Punkte wie der Schließhilfe oder der Notvisierung diskutieren die Ingenieure bei Heckler & Koch noch mögliche Änderungen.

Die Funktion des Deckels beschränkt sich auf drei Punkte. Eine Nase am vorderen/unteren Ende dient als Übergreifschutz für die vordere Hand gegenüber der dicht darüber liegenden Mündung; und die Ventilationsöffnungen im Deckel sorgen zusammen mit den Öffnungen im Gehäuse für eine kühlende Luftzirkulation im Bereich des Rohres. Die dritte Funktion, die Schließhilfe, steht auch zur Disposition, da eine solche zwar vom Militär gerne gefordert wird, bei der vorliegenden Waffe aber nicht notwendig ist. Des weiteren dient der Hebel der Schließhilfe gleichzeitig als manueller Kammerfang. Sollte die Schließhilfe wegfallen, könnte diese Funktion in einem entsprechend platzierten eigenen Hebel realisiert werden.

Das optionale 40-Schuss-Magazin steht aus dem Griff heraus, stört aber beim Handling der PDW in keiner Weise. Der Vordergriff lässt sich leicht und schnell an- und abklappen.

Magazin

Die PDW verfügt über eine zweireihiges Stangenmagazin konventioneller Bauart. Das Magazin ist ein echtes zweireihiges Magazin, da es sich nicht im oberen Bereich verjüngt. Die Patronen werden wechselseitig von der rechten bzw. linken Seite des Magazins zugeführt. Um eine sichere Zuführung auch unter extremen Einsatzbedingungen zu garantieren, ist das Magazin leicht gekrümmt. Der Aufbau ist ebenfalls konventionell. Der Magazinkörper aus Stahlblech beinhaltet den Zuführer, die Feder, die Bodenplatte sowie den Deckel. Momentan gibt es das Magazin in zwei unterschiedlichen Größen. Die 20-Schuss-Version schließt normal mit dem Boden des Magazinschachtes ab, während die optionale 40-Schuss-Version knapp 85 mm über den Boden des Magazinschachtes hinausragt.

Munition

Die Munition der PDW stellt einen echten Meilenstein in der Munitionsentwicklung dar. Diverse andere Hersteller haben mit ähnlichen Patronen bereits Vorstöße in Richtung hochrasanter Kleinkaliber gemacht, aber die 4.6 mm

Eine kleine Auswahl der PDW-Munition im Kaliber 4.6 mm x 30: Version 1 (nur Versuchsserie), Version 3 (Version 2 existierte nur als Papierstudie), die Trainingspatrone sowie eine Manöverpatrone (4). Eine Unterschallpatrone sowie Leuchtspur-, Deformations- und Frangiblevarianten werden in Kürze zur Verfügung stehen.

x 30 berücksichtigt als erste Patrone die neuesten ballistischen Erkenntnisse und kommt so zu einer überzeugenden Leistungsfähigkeit. Der Gedanke an ein rasantes Geschoss unter 5 mm ist im Hause Heckler & Koch nicht neu. Bereits vor einigen Jahren beschäftigte man sich mit der Weiterentwicklung von Sturmgewehren. Eine Modell, hausintern als HK 36 bezeichnet und in keiner Weise mit dem G36 verwandt, wies damals das Kaliber 4.6 mm x 36 CETME auf. Somit konnten die Entwickler bereits auf einiges Fachwissen in diesem Bereich bauen. Am Computer wurde die zukünftige Patrone zunächst rechnerisch optimiert, um dann in der Realität überprüft zu werden. Version 3, die sich als optimal für den Einsatzzweck der PDW herausstellte, ist eine konventionell aufgebaute Zentralfeuerhülse mit Flaschenhals. Dank eines progressiv brennenden Pistolenpulvers wird eine flache Gasdruckkurve mit maximal 3200 bar erreicht. Verladen werden in die Hülse diverse Geschosse, um für verschiedene Anforderungen gerüstet zu sein. Als Standardgeschoss dient ein 1,7 Gramm leichtes Vollgeschoss aus gehärtetem und verkupfertem Stahl. Zum Übungsschießen steht ein Vollkupfergeschoss zu Verfügung, das preiswerter und rohrschonender ist und die gleichen außenballistischen Eigenschaften wie das Stahlgeschoss aufweist. Lediglich bezüglich der Durchschlagskraft auf Hartziele ist das Kupfergeschoss in seinen Leistungen schlechter als das Stahlgeschoss, was bei einem preiswerten Trainingsgeschoss jedoch unerheblich ist. Eine Manöverpatrone rundet das Sortiment ab. In Kürze werden noch eine Unterschallpatrone sowie Leuchtspur-, Deformations- und Frangiblegeschossvarianten zur Verfügung stehen.

Das Standardgeschoss erreicht eine v_0 von 725 m/s, woraus sich eine E_0 von 450 Joule errechnet. Eine normale 9 mm x 19 Patrone bringt es auf rund 100 Joule mehr. Allerdings zeigt sich hier, dass Energie nicht alles ist. Obwohl die 4.6 mm x 30 weniger Energie hat und damit scheinbar weniger wirksam sein müsste, durchschlägt sie auf 200 Meter noch den NATO-Testaufbau (1,6 mm Titan vor 20 Lagen Kevlar) für Körperschutz. Auch der moderne Kevlarhelm wird durchschlagen. Die 4.6 x 30 übertrifft die Forderungen der NATO damit um das vierfache. Ein 9 mm Geschoss hingegen scheitert in beiden Prüfungen trotz der höheren Energie. Auch zielballistisch ist die 4.6 mm x 30 der 9 mm x 19 sowie anderen Patronen dieses Bereiches deutlich überlegen.

Ein frühes Arbeitsmodell aus der Konstruktionsphase der PDW. Mit solchen Modellen wird die Funktion der geplanten Waffe überprüft. Bei neu entwickelten Patronen wie der 4.6 mm x 30 ist ein solcher Schritt sehr sinnvoll.

Wie Gelatinebeschüsse gezeigt haben, gibt die 4.6 mm x 30 dank des leichten Geschosses ihre gesamte Energie innerhalb weniger Zentimeter ab, was eine sehr gute Wirkung auf das Ziel hat.

Während man bei der Maschinenpistole auf größere Entfernungen ja bereits den Haltepunkt über das Ziel legen muss, kann man dank der flachen und gestreckten Flugbahn der 4.6 mm x 30 ohne Haltepunktänderungen Ziele auf alle Distanzen von 0 bis 200 Meter bekämpfen.

Die PDW im Schuss

Man kann sich als Soldat nicht aussuchen, in welcher Situation man sich gegen einen plötzlich auftauchenden Gegner verteidigen muss. Sei es, dass man gerade aus dem defekten Panzer ausbooten will, dass man mit dem Nachschubkonvoi unterwegs ist, dass man auf dem Gefechtsstand gerade zum Mittagessen geht oder mit dem Spaten einen Gang in den Wald macht. Ein großes Sturmgewehr bleibt, „weil es stört und sowieso nicht gebraucht wird", bei vielen dieser Tätigkeiten einfach in der Halterung im Fahrzeug und ist damit im überraschenden Ernstfall unerreichbar. Dank der geringen Maße und Masse der PDW kann diese wie eine Pistole immer am Körper mitgeführt werden, ohne bei der eigentlichen Aufgabe zu stören. So individuell wie die Tätigkeiten sind auch die zur Verfügung stehenden Holstervarianten. Am Oberschenkel, am Gürtel, auf Brust oder Rücken kann die PDW mitgeführt werden. Noch zahlreicher sind die mit der PDW möglichen Anschlagsarten. Ob einhändig oder beidhändig wie eine Pistole, mit zwei Händen in den diversen Formen des Hüftanschlags oder von der Schulter, je nach Situation ist der erforderliche Anschlag möglich. Aufgrund des geringen Gewichtes und der kompakten Bauweise ist die PDW nicht nur für ein gutes Handling unter beengten Bedingungen hervorragend geeignet, auch kann man schnell und präzise von einem Ziel zum nächsten schwenken. Dabei kommt der sehr geringe Rückstoß der PDW zugute. Er ist mit dem eines normalen Kleinkalibergewehres vergleichbar. Auch im Dauerfeuer wandert die PDW nicht aus. Obwohl die Waffe nicht über eine Drei-Schuss-Automatik verfügt, sind dank des Abzuges kurze Feuerstöße problemlos möglich. Berücksichtigt man die Leistung der Patrone im Verhältnis zum Rückstoss, so kann man feststellen, dass es Heckler & Koch gelungen ist, in diesem Bereich eine neue Bestmarke zu setzen.

Zur Präzision sei nur gesagt, dass sie die an eine Nahbereichswaffe, wobei der Nahbereich von 0 bis 200 Meter definiert ist, gestellten Streukreisforderungen in allen Fällen deutlich unterbietet.

Technische Daten der PDW

Bezeichnung:	PDW, Kaliber 4.6 mm
Kaliber:	4.6 mm x 30
Länge:	544 mm (Schulterstütze ausgezogen)
	348 mm (Schulterstütze eingeschoben)
Rohrlänge:	180 mm
Dralllänge:	160 mm / 1 in 6,3"
Rohrprofil:	Feld/Zug, hartverchromt
Zahl der Züge:	6 / Rechtsdrall
Höhe:	210 mm
	(mit 20 Schuss Magazin und Hensoldt-Visier)
	172 mm
	(mit 20 Schuss Magazin ohne optisches Visier)
Breite:	46 mm
Gewicht Waffe:	1700 g (mit 20 Schuss Magazin)
Abzugskraft:	25 N
Kadenz:	950 Schuss/Minute
Geschossgewicht:	1,7 g
v_0:	725 m/s
Mündungsenergie:	450 Joule
Feuerarten:	Einzelfeuer / Dauerfeuer
Visierung:	Reflexvisier, offene Notvisierung

Gesamtbewertung

Zum ersten Mal existiert mit der PDW eine Waffe, welche die Lücke, die seit jeher unterhalb des Sturmgewehres klaffte und durch Pistole und MP nur unzureichend abgedeckt wurde, perfekt füllt. Sie ist leicht und kompakt, einfach in Aufbau und Bedienung, feuerstark und präzise und verschießt eine neuartige Munition, welche die Leistungen der bisher in diesem Bereich verwendeten 9 mm x 19 in allen Bereichen weit übertrifft. Für alle Einheiten, die nicht mit dem Sturmgewehr kämpfen, ist die PDW somit die optimale Bewaffnung.

Auch in der Zukunft wird man für besondere Einsätze der Bundeswehr an neue spezielle Handwaffen denken müssen.

Keine Science Fiction

Die Waffe OICW von Heckler & Koch

Wer beim OICW an eine Waffe aus einem Science Fiction Film denkt, liegt falsch. Die Waffe ist real, wenn auch ihre Leistungen eher fantastisch anmuten.

Wie die Bundeswehr machen sich die meisten Armeen der Welt regelmäßig Gedanken über eine verbesserte Bewaffnung ihrer Soldaten. In den USA laufen seit Anfang der 90er Jahre des letzten Jahrhunderts im Rahmen des Joint Service Small Arms Master Plan Überlegungen, wie die Handwaffe des Soldaten im neuen Jahrtausend aussehen soll. Das spezielle Teilprojekt bekam den Namen OICW, was für „Objective Individual Combat Weapon", also „Projekt persönliche Gefechtswaffe" steht.

Den US-Militärs schwebte darunter eine Waffe vor, die man etwas salopp wohl als „eierlegende Wollmilchsau" beschreiben könnte. Die gestellten Forderungen dabei waren:

- Kombination aus Sturmgewehr und Granatwerfer,
- beidseitig bedienbar,
- nur ein Abzug,
- intelligente Granaten,
- Bekämpfung von Punktzielen bis 500 m,
- Bekämpfung von Flächenzielen bis 1000 m und
- Gewicht mit Munition unter 6,35 kg.

Betrachtet man allein die letzen beiden Forderungen, wird die Problematik einer solchen Waffe gut sichtbar. Um Flächenziele auf 1000 Meter zu bekämpfen, bedarf es einer entsprechenden Granate, die dann auch einen kräftigen Rückstoßimpuls beim Abschuss erzeugt.

Das „Ein-Mann-Waffensystem", wie man das OICW nennen könnte, bedeutet einen deutlichen technologischen Sprung nach vorn.

Bei einem Waffengewicht vom etwas mehr als 6 kg ist eine solcher Impuls aber für Mann und Gerät zu heftig. Sich der Schwierigkeiten ihrer Forderungen bewusst, schrieben die Militärs 1994 zunächst einmal eine Papierstudie aus, in der sich Hersteller zur Machbarkeit eines solchen Projektes äußern konnten. Schnell zeigte sich, dass ein solch umfassendes Waffensystem nicht mehr nur allein von einem klassischen Waffenhersteller zu realisieren war. Zu komplex waren die Anforderungen bezüglich der Optronik (elektronische Optik), der Munition sowie der Treibmittel. Daher fanden sich unter der Leitung des amerikanischen Rüstungskonzerns Alliant Techsystems die Firmen Heckler & Koch, Dynamit Nobel und Contraves Brashear Systems zusammen, die in der Summe das notwendige Know-how auf dem jeweiligen Teilgebiet mitbrachten.

Aus den eingereichten Vorschlägen wählte die US-Armee die zwei vielversprechendsten aus. Nun galt es, die Vorgaben der Papierstudie durch funktionierende Subsysteme zu beweisen. Diese mussten dann individuell und unabhängig von den anderen Komponenten ihre Funktionalität in Anbetracht der Armeeforderungen demonstrieren. Im nächsten Schritt waren dann zunächst einmal funktionsfähige Prototypen abzuliefern, die das Zusammenspiel der Teilkomponenten durch volle Funktionalität beweisen sollten. Im Februar 1998 ging das Konsortium unter der Leitung von Alliant Techsystems aus dieser Phase als Sieger hervor. Die US-Army beauftragte das Konsortium aufgrund des besten Ergebnisses damit, sechs Waffen für die Truppenerprobung sowie die technischen Untersuchungen bereit zu stellen. Nach Abschluss dieser Untersuchungen wird, wenn die Ergebnisse entsprechend sind, die Serienproduktion der Waffe vorbereitet. Im Jahre 2005 sollen die ersten Waffen, wobei man richtigerweise eigentlich von einem Waffensystem sprechen müsste, bei den Eliteeinheiten der US-Armee eingeführt werden. Angestrebt ist eine Zahl zwischen 20 000 und 40 000 Waffen. Eine flächendeckende Einführung ist nicht vorgesehen, was bei einem Preis von heute nicht ganz 10 000 US-$ durchaus verständlich ist. Allerdings muss dabei angemerkt werden, dass 80 % des Preises auf die integrierte Feuerleitelektronik entfallen.

Es ist klar, dass eine so teure und aufwändige Waffe nur für besondere Einheiten (hier Soldaten des deutschen Kommandos Spezialkräfte KSK) in Frage kommt.

Das OICW

Die Waffe besteht aus folgenden Komponenten (siehe Bilder nächste Seite):

- dem automatischen Gewehr 5.56 mm x 45 (KE-Waffe),
- dem halbautomatischen Granatgewehr 20 mm (HE-Waffe),
- dem Griffstück,
- dem Zielgerät (FCS) und
- der Munition.

Der Aufbau ist modular, so dass im Feld defekte Komponenten leicht und schnell ausgetauscht werden können. Interessant bei einer Gesamtbetrachtung der Waffe sind die aus der Raumfahrt stammenden Steckverbindungen. Diese ermöglichen die Kommunikation der einzelnen Teilkomponenten mit dem Zielgerät. Beim Zerlegen und Zusammensetzen der Waffe müssen diese allerdings nicht extra gesteckt werden, sondern werden automatisch verbunden.

Das Gewehr

Betrachtet man das OICW, so ist das halbautomatische Gewehr im Gesamtsystem fast unauffällig. Es wird auch oft als KE-Waffe bezeichnet, da die verschossene Munition im NATO-Standardkaliber 5.56 mm x 45 durch kinetische Energie im Ziel wirkt. Gewisse Ähnlichkeiten mit dem G36, das zur Zeit möglicherweise das fortschrittlichste Sturmgewehr auf dem Markt ist, sind erkennbar. Warum also nicht das im Hause (Heckler & Koch) vorhandene Know-how bei der Entwicklung des OICW nutzbringend einsetzen? So verfügt die KE-Komponente des OICW denn auch über einen 9-Warzen-Drehkopfverschluss. Allerdings wird dieser von zwei parallelen Gasgestängen getrieben. Zwei Gestänge bieten den Vorteil, dass durch Umsetzen des Durchladehebels, der auf dem Gasgestänge sitzt, die Waffe in diesem Punkt von Rechts- auf Linksbedienung in Sekunden und ohne Werkzeug umgebaut werden kann. Des weiteren bedingen die jeweils seitlich im 45° Winkel sitzenden Gasentnahmen sowie das dahinter liegende Gestänge eine niedrigere Bauart, was wegen der darüber liegenden Granatwaffe von Vorteil ist. Der Verschluss kann ebenfalls von Rechts- auf Linksauswurf umgebaut werden.

Das mit 240 mm relativ kurze Rohr, das einen Drall von 178 mm (1 in 7") mit klassischem Feld/Zug-Profil aufweist, ist unter dem Diktat des niedrigen Gesamtgewichtes ganz innovativ aufgebaut. Ein Stahlrohr mit nur 1,6 mm Wandstärke wird hierzu in einen Titanmantel passgenau geschoben und verstiftet. So gelingt es, das Gewicht des Rohres deutlich zu senken, ohne Nachteile befürchten zu müssen.

Die bauartbedingte Kürze des Rohres kostet zwar einiges an Mündungsgeschwindigkeit, dennoch aber übertrifft die Standardmunition aus diesem Rohr die Durchschlagsforderungen der US-Army noch um mehr als 60 %.

Zwei Forderungen stellte das US-Heer zusätzlich, die zwar verständlich sind, aber nicht optimal: Es mussten im OICW die vorhandenen M-16-Magazine zu verwenden sein und der Magazinauslöser musste wie beim M-16 auf der rechten Waffenseite angeordnet sein und auch analog zu dem des M-16 funktionieren. Es gibt einerseits bessere und funktionssichere Magazine als die des M-16, andererseits aber sind letztere in großer Anzahl vorhanden und gewährleisten so auch eine Weitergabe von Magazinen zwischen unterschiedlich bewaffneten Soldaten.

Das Bajonett des M-16 sollte ebenfalls beim OICW verwendbar sein, sosehr man sich heute auch über die Notwendigkeit eines Bajonettes streiten mag.

Die KE-Waffe kann Einzelfeuer oder Zwei-Schuss-Feuerstöße schießen. Da das gemeinsame Griffstück an der KE-Waffe befestigt ist, kann diese auch getrennt von Granatwaffe oder Optronic geschossen werden.

Auf jeder Seite des Vorderschaftes befinden sich vor dem Durchladehebel zwei Gewindebuchsen. An diesen können optional Laser oder Scheinwerfer befestigt werden.

Das Granatgewehr

Auch das Granatgewehr erscheint auf den ersten Blick nicht ungewöhnlich, wobei ein Gewehr, das 20-mm-Granaten verschießt, insoweit ungewöhnlich ist, als eine ähnliche Waffe bisher noch nicht existiert. Es ist das Verdienst von Heckler & Koch, eine solche Waffe realisiert zu haben. Die Waffe verbindet bekannte Elemente der Waffentechnik mit innovativen Neuerungen: Die HE-Waffe funktioniert nach dem Prinzip des verriegelten Rückstoßladers

*Die **KE-Waffe** (das Gewehr) weist zwar nur die Dimensionen einer Maschinenpistole auf, bringt aber die Leistungen eines Sturmgewehres. Gut zu erkennen ist, wie durch einfaches Umstecken des Durchladehebels vom rechten auf das linke Verschlussgestänge die Waffe für Linksschützen umgebaut werden kann.*

*Auch als Einzelwaffe ist die hier feldmäßig zerlegte **HE-Waffe** (das Granatgewehr) des OICW sehr interessant. Mittels des abgebildeten Griffstückes, dass den an der KE-Waffe befindlichen Griff ersetzt, wird die HE-Waffe zusammen mit der Optronic zu einer sehr interessanten und vollwertigen Einzelwaffe.*

5

mit langem Rohrrücklauf. Um die beidseitige Nutzbarkeit der Waffe zu garantieren, ist der Warzen-Drehkopfverschluss der HE-Waffe ebenso drehbar wie der der KE-Waffe. Dreht man den Verschlusskopf um 180 Grad, so werden die leeren Ganathülsen anstatt nach rechts nach links ausgeworfen. Im Gegensatz zur KE-Waffe verfügt die HE-Waffe über einen Staubschutzdeckel zum Schließen des Auswurffensters. Bei der KE-Waffe war dieser nicht notwendig, da deren Auswurffenster sehr weit vorne liegen, während die Fenster der HE-Waffe in der Schulterstütze und so direkt unter dem Gesicht des Schützen liegen. Beim Repetiervorgang würden heiße Gase und Pulverpartikel auch aus dem nicht benutzten Fenster austreten, was den Schützen zwar nicht gefährden, aber doch stören würde. Mittels der Klappen kann daher das nicht benötigte Fenster verschlossen werden. Auch das aktive Auswurffenster sollte mit der Klappe verschlossen werden, da man so das Eindringen von Schmutz verhindern kann. Beim Schuss öffnet die Klappe auf der Auswurfseite automatisch.

Der Durchladehebel ist beim feldmäßigen Zerlegen der Waffe ohne Werkzeug von links auf rechts umsteckbar.

Das Rohr hat eine Länge von 364 mm. Der Drall beträgt 7,5 Grad / 19" / 480 mm mit einem normalen Feld-Zug-Profil. Ungewöhnlich ist die Zahl der Züge: 12 Felder und Züge sorgen dafür, dass das Geschoss den richtigen Drall bekommt.

Um den nicht unerheblichen Rückstoßimpuls, der beim Abschuss der Granaten entsteht, auf ein für den Soldaten erträgliches Maß zu reduzieren, liegt um das Rohr der HE-Waffe eine Elastomerbremse. Sieben Ringe aus einem speziellen dauerelastischen Elastomerkunststoff (Cellasto) liegen vor dem Patronenlager um das Rohr. Gekapselt werden sie von einem Mantelrohr, das auch als Bremsgehäuse bezeichnet wird. Im Schuss werden beim Rohrrücklauf zunächst die Elastomerpuffer komprimiert, wodurch ein großer Teil der Rückstoßenergie absorbiert wird. Ebenfalls vor dem Patronenlager liegt die Programmierspule um das Rohr. Diese gibt die Befehlsimpulse des Feuerleitgerätes (FCS) berührungslos an die Granate im Rohr weiter.

In Mündungsnähe sind zwei exzentrische Ringe um das Rohr herum angebracht, die dessen Justierbarkeit garantieren. Da das OICW ja nur über ein gemeinsames Zielgerät verfügt, muss die Treffpunktlage der beiden Rohre aufeinander abgestimmt sein. Oberhalb der Verstellringe ist ein einfaches aufklappbares Notkorn angebracht, das beim Ausfall des FCS eingesetzt werden kann.

Die HE-Waffe ist aufgrund ihres Aufbaus auch gleichzeitig Schulterstütze des OICW. In der Schulterstütze unterhalb des des HE-Verschlusses und zwischen HE-Magazin und Bodenplatte befindet sich die Batterie, die das FCS mit Energie versorgt. Dabei handelt es sich um eine standardisierte 6-Volt Batterie, die bei der US-Armee bereits in anderen Geräten im Einsatz ist. Die Batterie garantiert eine Einsatzzeit des FCS von 24 Stunden im Dauerbetrieb. Sie ist auch im Feld schnell und leicht ohne Werkzeug zu wechseln.

Optional kann man die HE-Waffe auch ohne die KE-Komponente schießen. So wäre es also denkbar, dass nur die HE-Waffe als

Technische Daten des OICW

Länge:	860 mm
Höhe:	290 mm (mit Magazin)
Breite:	50 mm (am Ladehebel)
Gewicht Waffe:	5200 g ohne FCS
Abzugsgewicht:	30–50 N
Visierung:	Optronic mit integriertem Feuerleitrechner

KE-Waffe

Kaliber:	5,56 x 45 / .223 Remington
Rohrlänge:	240 mm
Dralllänge:	178 mm / 1 in 7" (Rechtsdrall)
Rohrprofil:	Feld/Zug, hartverchromt
Zahl der Züge:	6
Kadenz:	750 Schuss/Minute
Geschossgewicht:	4,0 g
v_0:	750 m/s
Mündungsenergie:	1125 Joule
Feuerarten:	Einzelfeuer/2-Schuss-Feuerstoß
Gewicht Magazin:	80 g (leer), 320 g (incl. 20 Schuss)

HE-Waffe

Kaliber:	20 mm x 28
Rohrlänge:	364
Dralllänge:	480/1 in 18,9"
Rohrprofil:	Feld/Zug, hartverchromt
Zahl der Züge:	12
Geschossgewicht:	81 Gramm
v_0:	235 m/s
Feuerarten:	Einzelfeuer
Gewicht Magazin:	215 g (leer), 770 g (incl. 6 Schuss)

Ersatz für eine Granatpistole zum Einsatz kommt. Für solche Fälle ist ein Griffstück vorhanden, dass für die Bedienung der HE-Waffe und die Kommunikation mit dem FCS zuständig ist. Es verfügt über eine Abzugsgruppe sowie eine Sicherung und die drei im Abzugsbügel angebrachten Folientaster. In dieser Version ist die HE-Komponente eine vollwertige und sehr leistungsfähige Waffe, die gerade einmal 3,2 kg wiegt. Die Einführung nur dieser Komponente wäre durchaus eine andenkenswerte Option.

Das Griffstück

Das Griffstück ist gemäß den Forderungen der US-Army für beide Waffen zuständig. Über die reine Abzugsfunktion hinaus finden sich im Bereich des Griffstückes der Feuerwahlhebel, der Waffenwahlhebel sowie drei Folientaster, die zur Kommunikation mit dem Computer des Zielgerätes dienen. Das Griffstück verfügt auf beiden Seiten über diese Bedienelemente.

Direkt über dem Abzug befindet sich der Waffenwahlhebel. Ist dieser Hebel in seiner unteren Stellung, wirkt der Abzug auf die KE-Waffe, also das Gewehr; in der oberen Stellung dann entsprechend auf die HE-Waffe, also das Granatgewehr. Die Raststellungen sind mit „KE" und „HE" beschriftet.

Oberhalb des Pistolengriffes ist der Feuerwahlhebel angebracht. Dieser weist die drei Stellungen „Safe", „Semi" und „Auto" auf. Er ist so angeordnet, dass man im Anschlag mit dem Daumen der starken Hand die Stellung verändern kann. Die Stellungen „Semi" und „Auto" sind abhängig von der über den Waffenwahlhebel aktivierten Waffe. Steht letzterer Hebel auf „KE", so schießt das Gewehr Einzelfeuer in der „Semi"-Stellung und zwei-Schuss-Feuerstöße in der „Auto"-Stellung. Echtes Dauerfeuer ist nicht vorgesehen, da es sich nach Ansicht der US-Armee als taktisch sinnlos erwiesen hat. Wird über den Waffenwahlhebel die Granatwaffe gewählt, so schießt diese, unabhängig davon, ob der Feuerwahlhebel auf „Semi" oder „Auto" steht, immer nur Einzelfeuer.

Das Griffstück weist auf beiden Seiten den gleichen Aufbau auf. Über dem Pistolengriff sitzt die Sicherung mit integriertem Feuerwahlhebel (Safe/Semi/Auto). Über dem Abzug ist der Waffenwahlhebel platziert. In der oberen Stellung ist die HE-Waffe aktiviert, in der unteren die KE-Waffe. Die drei Folientaster im Abzugsbügel dienen zum Auslösen des Lasers (gelber Taster) und zur Korrektur der gemessenen Entfernung (+/- Tasten). Der obere Knopf ist der Schlittenfanghebel der KE-Waffe. Ein kleinerer unterer Knopf ist ediglich auf der rechten Waffenseite vorhanden und ist der Magazinhalteknopf.

Im Abzugsbügel sind die drei Folientaster zur Bedienung der Optronic integriert. Der oberste dient zur Auslösung des Messlasers, die Tasten „+" und „-" zur Korrektur des gemessenen Wertes. Dies kann zum Beispiel notwendig sein, wenn nur ein Hilfsziel anvisiert werden kann und die gemessene Entfernung daher korrigiert werden muss.

Das Zielgerät

Der Preis für die Optronic, die auch als Fire Control System (FCS) bezeichnet wird, was man als Feuerleitrechner/Feuerleitanlage übersetzen kann, deutet schon an, dass es sich hier um einen hochentwickelten ballistischen Computer handelt. In der Tat sind die Möglichkeiten, die das FCS bietet, so noch nie realisiert worden. Jedoch benötigt nur das Granatgewehr die volle Leistung des FCS. Ist der Waffenwahlhebel auf KE gestellt, liegt der Visierpunkt auf 300 Metern. Dank der gestreckten Flugbahn des Geschosses 5.56 können mit diesen Einstellungen alle Ziele von 0 bis 500 Meter ohne Visierkorrektur bekämpft werden. Die entfernungsabhängige Justierung des Leuchtpunktes findet nur bei Nutzung der HE-Waffe statt.

Auf den ersten Blick handelt es sich beim FCS um ein Leuchtpunktvisier mit dreifacher Vergrößerung und einem Bildwinkel von knapp 11 Grad. Da eine dreifache Vergrößerung für Schussdistanzen von bis zu 1000 Metern nicht ausreichend ist, kann bei Bedarf ein 6-fach vergrößertes Videobild eingespielt werden. Dieses Bild kann auch in das Helmvisier des Soldaten eingespiegelt werden. Das „Land-Warrior-Programm" des US-Heeres, das sich mit der gesamten Ausrüstung des Soldaten von Morgen beschäftigt, sieht ein solches Visier vor. Sinnvoll wäre dieses, da sich der Soldat in vielen Situationen nicht mehr exponieren

Während der Entwicklung wurde auch eine Variante mit nebeneinander liegenden Rohren diskutiert. Dabei warf die HE-Waffe nach links aus, während die KE-Waffe nach rechts auswarf. Dies erwies sich zwar als technisch einfacher, aber nicht als optimal.

Da das OICW nur über ein Zielgerät verfügt, das beiden Waffen dient, müssen die Rohre der Waffe parallel liegen. An der Mündung der HE-Waffe befinden sich zwei Einstellringe, mittels derer man das HE-Rohr in Höhen- und Seitenrichtung justieren kann. Falls die Optronic ausfällt, verfügt das OICW über ein herkömmliches aufklappbares Notkorn.

müsste. Er könnte aus der Deckung dank der in das FCS integrierten Kamera beobachten und gegebenenfalls einen Gegner bekämpfen. In diesem Sinne ist diese Option des FCS das Grabenvisier des 21. Jahrhunderts. Eine Weiterleitung des Videosignals an eine übergeordnete Operationszentrale ist ebenfalls möglich.

Über einen separaten Videoeingang kann ein zusätzliches Bild, das zum Beispiel von einer Wärmebildkamera stammt, eingespielt werden. Damit ist das OIWC voll nachtkampftauglich. Während es sich zur Zeit bei der Wärmebildkamera noch über ein zusätzlich an der Waffe befestigtes Gerät handelt, ist in Zukunft die Integration der Wärmebildkamera in das FCS geplant.

Zur Messung der Entfernung zum Ziel verfügt das FCS über einen integrierten 10-Herz-Puls-Laser. Dieser misst die Entfernung zum Ziel auf einen Meter genau. Aktiviert wird er über den gelben Folientaster im Abzugsbügel. Die gemessene Entfernung spielt bei der Programmierung der Granaten eine entscheidende Rolle. Darüber hinaus hat der Soldat die Möglichkeit, seitlich am FCS über einen Schalter diverse Einstellungen zu wählen. So wird im „Burst Mode" zunächst das Ziel angemessen und dann das Visier so korrigiert, dass die Flugbahn der Granate ein Meter über dem Ziel liegt, wenn der Soldat das Ziel anvisiert. Durch die Programmierung der Entfernung in die Granate wird sie genau an diesem Punkt zur Detonation gebracht. Der Burst Mode ist sinnvoll, wenn sich der Gegner hinter einer Deckung befindet. Handelt es sich um einen dickeren Erdwall, so ist die auf dessen Vorderseite gemessene Entfernung natürlich zu kurz. In diesem Falle kann man mittels der Folientaster im Abzugsbügel die Entfernung korrigieren. Die Granate detoniert dann in der gemessenen Entfernung plus zwei Meter, wenn der Soldat die Plus-Taste zweimal betätigt.

Im „PD-Modus" trifft und detoniert die Granate punktgenau, wobei die Detonation durch den integrierten Aufschlagzünder ausgelöst wird. Zwar wird auch hier der Leuchtpunkt gemäß der gemessenen Entfernung zum Ziel korrigiert, aber ohne jegliche Veränderung. Sinnvoll ist eine solche Einstellung bei Bekämpfung von gegnerischen Einrichtungen oder Fahrzeugen.

Im „PD-Delay-Modus" wird die Detonation der Granate nach dem Aufschlag kurz verzögert. Schießt man zum Beispiel auf eine geschlossenen Tür, so durchschlägt die Granate diese wie ein normales Geschoss. Durch die Verzögerung wird die Granate nicht beim Aufschlag auf die Tür gezündet, wo sie nur relativ wenig Wirkung entfalten würde, sondern erst Sekundenbruchteile später. So entfaltet die Granate ihre Wirkung im hinter der Tür liegenden Raum.

Die vierte Einstellung ist der „Fenster-Modus". Besonders im Orts- und Häuserkampf ist diese von Vorteil. Gemessen wird mittels Laser die Entfernung auf die Außenwand des Gebäudes, in dem sich der Feind befindet. Entsprechend wird nun die Visierung automatisch korrigiert. Das heißt: zielt der Soldat auf ein Fenster und drückt ab, wird die Granate dann 1,5 Meter hinter der gemessenen Entfernung, also nach Durchfliegen des Fensters mitten im Raum zur Detonation gebracht. So ist auch in diesem Falle eine größtmögliche Wirkung garantiert. Die Programmierung der Granaten (Tempierung) erfolgt in Sekundenbruchteilen vom FCS über die um das Patronenlager des HE-Rohres liegende Spule berührungslos in die Granate.

Die Tracking-Option, die das FCS ebenfalls bietet, ist wohl die weitreichenste Neuentwicklung im Bereich der Handwaffenvisiere. Der Computer des FCS erkennt sich-bewegende Objekte und markiert diese durch eine Umrandung im Zielbild. So kann der Soldat mögliche Ziele erstens schneller und leichter erkennen, als wenn er sie selbst suchen müsste. Darüber hinaus wird, wenn der Soldat mit dem Zielpunkt der Waffe dann auf das Ziel einschwenkt (wenn der Waffenwahlhebel auf HE steht), der Laser stabilisiert auf dieses Ziel eingemessen, was zu einer exakteren Messung und somit zu mehr Treffern führt.

Unabhängig davon, ob nun die KE- oder die HE-Waffe verwendet wird, beschleunigt die Traking-Option die Erkennung und Auswahl der Ziele in einer bisher so noch nicht realisierten Geschwindigkeit und macht das OICW alleine aufgrund dieser Eigenschaft zu einer den anderen Handwaffen weit überlegenen Waffe.

Munition

Für die KE-Waffe wird normale Munition im Kaliber 5.56 Nato / 5,56 mm x 45 / .223 Rem. verwendet, wie sie ja auch im G36 zum Einsatz kommt. Die Patrone wiegt insgesamt knapp 12,3 Gramm bei einer Gesamtlänge von 57 mm. Das 4-Gramm-Geschoss wird aus dem kurzen Rohr nur auf 750 m/s beschleunigt, wodurch aber alle Forderungen noch erfüllt werden und eine maximale Kampfentfernung oberhalb 500 Meter ebenfalls garantiert werden kann.

Die HE-Munition hingegen ist noch interessanter, da es sich um eine extrem innovative Neuentwicklung handelt. Zwar ist die

28 mm lange Hülse der Granatpatrone ganz konventionell aufgebaut, aber das 81-Gramm-Geschoss der insgesamt 92 mm langen und 92 Gramm schweren Patrone hat es in sich. 1400 bar Gasdruck beschleunigen das Geschoss im 364 mm langen Rohr auf eine v_0 von rund 240 m/s, wodurch Flächenziele in einer Entfernung von 1000 Metern bei nur 7,2 Grad Rohrerhöhung noch erfolgreich bekämpft werden können. Die maximale Schussweite beträgt rund 2000 Meter.

Interessant, weil ebenfalls neu, ist das Innenleben der Granate. Während das vordere und hintere Drittel innerhalb des Splittermantels mit Sprengstoff gefüllt sind, befindet sich in der Mitte das „Gehirn" der Granate. Die Zündeinrichtung verfügt über zwei Modi. Im ersten funktioniert der Zünder als klassischer Aufschlagszünder. Im zweiten Modus bringt er die Granate entfernungsabhängig zur Detonation. Über das FCS wird der Zünder hierbei programmiert (tempiert): Das Geschoss rotiert dank des Dralls im Rohr. So dreht sich das Geschoss pro Meter Flugstrecke dann auch 2,083mal um die eigene Achse. Die leicht schräg stehende Empfängerspule in der Granate, die primär die Programmierbefehle des FCS empfängt, kann durch diese Schrägstellung anhand der Erdmagnetfeldlinien ein einzelne Umdrehung erkennen. Soll die Granate nach 100 Metern detonieren, so programmiert das

Ähnlich wie das G36 das Bajonett der Kalaschnikow aufnimmt und so eine Neuanschaffung erspart, ist das OICW für das Bajonett des M-16 eingerichtet. Ob ein Bajonett aber noch sinnvoll ist, sei dahingestellt. Das Bajonett wird über den Mündungsfeuerdämpfer der KE-Waffe geschoben und rastet unter dem Rohr in einer speziellen Aufnahme. Gut ist hier die leicht zurückversetzte Mündung des Granatgewehres zu erkennen.

auch in diesem Falle nur unerheblich, so dass schnelle Zielwechsel möglich sind. Bezüglich der Präzision werden 12-cm-Streukreise bei 10 Schuss auf 100 Meter gefordert. Unter normalen Bedingungen werden diese Forderungen trotz des kurzen Laufes mit Streukreisdurchmessern um die 6 cm mehr als nur erfüllt. Es ist daher davon auszugehen, dass auch unter widrigen Bedingungen wie Kälte oder Schmutz die 12 cm vom OICW gehalten werden. Getrennt vom HE-Teil ist die KE-Waffe ein extrem kompaktes Sturmgewehr, das in seinen Maßen die Dimensionen mancher Maschinenpistole unterschreitet.

Vom Rückstoß der HE-Granaten ist man positiv überrascht. Obwohl die Treibladung die Granate über 2000 Meter weit schießt, ist der Rückstoß in der Härte dem des G3 vergleich-

FCS die Granate einfach auf Detonation nach 208 Umdrehungen (vereinfacht ausgedrückt, da die Geschossgeschwindigkeit nach Verlassen der Mündung abnimmt, während die Rotationsgeschwindigkeit fast gleich bleibt).

Solche Zünder sind zwar im Bereich der Artilleriegeschosse bekannt, aber diese Technik in eine Handwaffenmunition zu integrieren und damit in Verbindung mit dem FCS eine so vielseitig einsetzbare 2-cm-Granate zu entwickeln, ist eine Revolution.

Es gibt zur Zeit zwei Versionen der 20 mm x 20 Munition: eine inerte blau gefärbte Geschossvariante, die als 20 mm TP (Training/Target Practice) bezeichnet wird, sowie die oben beschriebene goldfarbene Einsatzmunition.

Die Waffe im Schuss

Die KE-Waffe ist aufgrund ihres relativ kurzen Rohres merklich lauter als z. B. das G36. Ansonsten schießt sich die Waffe sogar angenehmer als vergleichbare Sturmgewehre. Das relative hohe Gewicht der Gesamtwaffe sorgt für einen geringen Rückstoß. Auch im Zwei-Schuß-Modus (Sicherungsstellung: Auto) schießt sich das OICW noch angenehm. Die Waffe springt

Das Magazin des Granatgewehres nimmt 6 Patronen auf. Bei den abgebildeten Granaten handelt es sich um die inerte Trainingsvariante. Die 30 bzw. 20-Schuss-Magazine des M-16 werden im OICW wiederverwendet.

bar. Allerdings ist die Charakteristik aufgrund der sehr gut wirkenden Elastomerbremse eher etwas langsamer als beim G3. Der Abschussknall der HE-Waffe ist erstaunlich gering. Aufgrund der Anfangsgeschwindigkeit von rund 235 Meter fehlt der peitschende Überschallknall, so dass die HE-Waffe sogar ohne Gehörschutz geschossen werden kann.

Die Optronic hingegen bedarf einer gewissen Übung. Zwar sind im KE-Modus dank der einfachen Leuchtpunktvisierung Treffer unter allen Bedingungen schnell und präzise zu erzielen, im HE-Modus bedarf es jedoch eines nicht unerheblichen Trainingsaufwandes, um alle Eigenschaften des FCS nutzen zu können. Da das OICW jedoch an Eliteeinheiten ausgegeben werden wird, die entsprechend motiviert und trainiert sind, dürften sich hier keine Probleme ergeben.

Beurteilung

Im OICW wurde an moderner Technik zusammengetragen, was man in eine Handwaffe packen konnte. Einige der Eigenschaften sind durchaus keine Neuerungen, sondern sind in anderen Bereichen der Wehrtechnik eingeführt. Aber die Integration aller dieser Komponenten in eine einzige und vor allem tragbare Waffe ist eine technische Sensation. Die Waffe selbst ist somit ein deutlicher Entwicklungssprung in der Handwaffentechnik. Das OICW ermöglicht es zum ersten Mal, intelligente Munition aus einer Handwaffe zu verschießen. Die Möglichkeiten, die das FCS dem Soldaten eröffnet, steigern dessen Wirkfähigkeit in eine Dimension, die nachhaltigen Einfluss auf die Einsatzgrundsätze und Taktiken der mit dem OICW ausgerüsteten Einheiten haben wird.

OICW und Bundeswehr?

Natürlich ist das OICW auch für die Bundeswehr von Interesse. Einheiten, die auf friedenserhaltenden oder friedensschaffenden Missionen sind, können von dieser überlegenen Waffe ebenso profitieren wie die Kräfte des KSK. Eine weite Verbreitung dürfte sich alleine schon durch den Preis verbieten. Aber in „abgespeckter" Version könnten Teilkomponenten der Waffe ihren Weg in die gesamte Bundeswehr finden. Das Granatgewehr des OICW mit einer einfacheren Optronic/FCS wäre der ideale Nachfolger für die Granatpistole. Eine um das Vielfache erhöhte Präzision wie auch die durch das FCS gesteigerte Wirkfähigkeit machen die Granatwaffe zu einer für die Bundeswehr sehr interessanten Option.

Bildquellen

Abresch, Accuracy International, Bildstelle BMVg, Dynamit Nobel, Heckler & Koch, Hensold Systemtechnik, Infanterieschule Hammelburg, Journal-Verlag, MEN, Report Verlag, Soldat und Technik, Wilhelm

Autoren

Matthias Schörmal
(Zeitzeugen)

Matthias Schörmal hat sein Hobby zum Beruf gemacht und arbeitet seit Spätsommer 1999 in der Redaktion der Fachzeitschrift Deutsches Waffen-Journal. Er bearbeitet dort vorrangig die Entwicklung der militärischen Handwaffen im Westen nach 1945. Zu seinen bevorzugten Forschungsgebieten gehört die Ausrüstung der frühen Bundeswehr und des Bundesgrenzschutzes.

Ralph Wilhelm
(Gewehr G36, Gewehr SL 8, Pistole P8, Scharfschützengewehr G22 und Zukunftsvision)

Ralph Wilhelm hat in der Bundeswehr (als Leutnant der Reserve), in der Industrie (hier bei Heckler & Koch in Oberndorf am Neckar und seit kurzem bei Firma Brenneke in Hannover) aber auch im Journal-Verlag Schwend GmbH als Redakteur beim Deutschen Waffen-Journal DWJ tiefgehende Kenntnis von Technik und Handhabung der Handwaffen erworben. Eine Reihe kompetenter Beiträge (etwa in dem genannten Deutschen Waffen-Journal oder in Soldat und Technik) weisen ihn als einen der führenden Fachautoren und Experten für moderne militärische Handwaffen aus.

Günter Ketterer
(Panzerfaust 3 und Bunkerfaust)

Günter Ketterer hat als Produkt Manager für Panzerabwehr-Handwaffensysteme der Dynamit Nobel GmbH in Troisdorf bei Bonn umfangreiche Kenntnisse über Panzerfaust und Bunkerfaust erworben und publiziert. Seit Anfang dieses Jahres ist er für die große französische Elektronik-Firma Thales (ehemals Thomson-CSF) in Koblenz tätig.

Jürgen Knappworst
(Munition)

Jürgen Knappworst ist als Produkt Manager für kleinkalibrige Infanteriemunition bei der Dynamit Nobel GmbH im Werk Stadeln in Fürth bei Nürnberg tätig. Seine Kenntnis der Entwicklung der schadstoffarmen Infanteriemunition SINTOX macht ihn zu einem der wenigen Fachleute in diesem Bereich.

DIE GARANTIE FÜR IHRE SICHERHEIT.

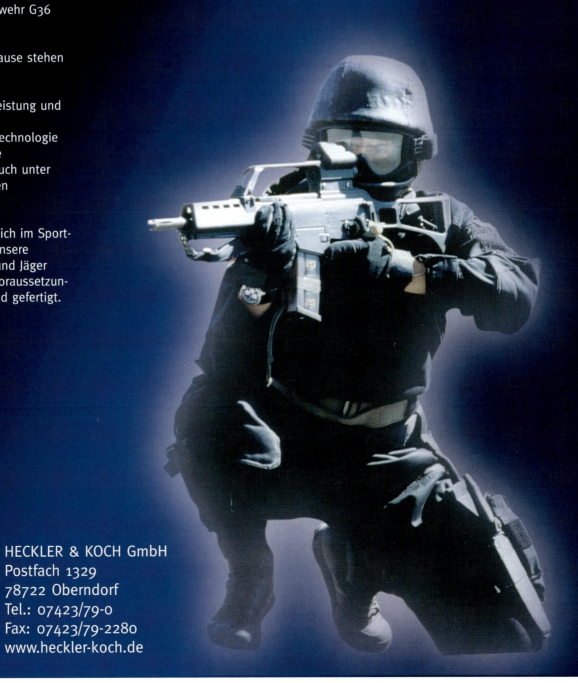

HECKLER & KOCH

PARTNER DER BUNDESWEHR

Die modernen Handfeuerwaffen von Heckler & Koch werden den hohen Anforderungen von Sicherheitskräften, Spezialeinheiten und Militär gerecht.

Aus diesem Grund kommen Sturmgewehr und Pistole der Deutschen Bundeswehr von Heckler & Koch - das Gewehr G36 und die Pistole P8.

Die Produkte aus unserem Hause stehen für:

- Kompromisslosigkeit in Leistung und Sicherheit
- Hochmoderne Fertigungstechnologie und innovative Werkstoffe
- absolute Verlässlichkeit auch unter schwierigsten Bedingungen
- Hohe Lebensdauer

Dieser hohe Anspruch setzt sich im Sport- und Jagdbereich fort. Denn unsere Produkte für Sportschützen und Jäger werden unter den gleichen Voraussetzungen konzipiert, entwickelt und gefertigt.

HECKLER & KOCH GmbH
Postfach 1329
78722 Oberndorf
Tel.: 07423/79-0
Fax: 07423/79-2280
www.heckler-koch.de

Unsichtbares sichtbar machen

Eine klare Übersicht bei Dunkelheit oder schlechten Wetterbedingungen gewährleisten. Objekte blitzschnell anvisieren. Entfernungen zu Objekten exakt bestimmen. Bedrohungen rechtzeitig erkennen. Dies sind nur einige Leistungsmerkmale unserer optischen und optronischen Komponenten, Präzisionsgeräte und Systeme:

- Zielfernrohre, Reflexvisiere und Visiersysteme für Handwaffen
- Nachtsichtbeobachtungs- und Zielsysteme
- Panzer-Zielfernrohre
- Beobachtungs- und Zielperiskope
- Rundblickfernrohre für artilleristische Anwendungen
- Ziellinienprüf- und Waffenjustiergeräte
- Ferngläser
- Opto/Mechanische Komponenten

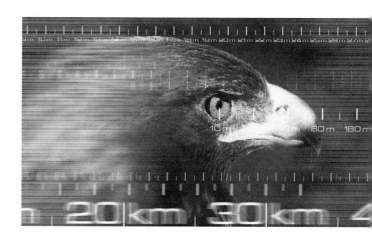

Visiersystem Tag/Nacht für G 36/MG 36

Hensoldt Systemtechnik GmbH
Ein Unternehmen der Carl Zeiss Gruppe

Goelstraße 3–5
D-35576 Wetzlar
Telefon: 0 64 41-40 43 80
Telefax: 0 64 41-40 43 22